Laserbasierte Kristallisation von nasschemisch applizierten Lanthan-Nickel-Oxid-Schichten

Laser-Based Crystallization of Chemical Solution Deposited Lanthanum Nickel Oxide Films

Von der Fakultät für Maschinenwesen
der Rheinisch-Westfälischen Technischen Hochschule Aachen
zur Erlangung des akademischen Grades eines
D o k t o r s d e r I n g e n i e u r w i s s e n s c h a f t e n
genehmigte Dissertation

vorgelegt von

Samuel Moritz Fink

Berichter/in:

Univ.-Prof. Dr. rer. nat. Peter Loosen
Univ.-Prof. Dr.-Ing. Robert Schmitt

Tag der mündlichen Prüfung: 04. April 2024

Diese Dissertation ist auf den Internetseiten der Universitätsbibliothek online verfügbar.

ERGEBNISSE AUS DER LASERTECHNIK

Samuel Moritz Fink

Laserbasierte Kristallisation von nasschemisch applizierten Lanthan-Nickel-Oxid-Schichten

Bibliografische Information der Deutschen Nationalbibliothek
Die Deutsche Nationalbibliothek verzeichnet diese Publikation in der Deutschen Nationalbibliografie; detaillierte bibliografische Daten sind im Internet über https://portal.dnb.de abrufbar.

Samuel Moritz Fink:

Laserbasierte Kristallisation von nasschemisch applizierten Lanthan-Nickel-Oxid-Schichten

1. Auflage, 2024

Gedruckt auf holz- und säurefreiem Papier, 100% chlorfrei gebleicht.

Wissenschaftsverlag des Instituts für Industriekommunikation und Fachmedien an der RWTH Aachen
Steinbachstr. 25, 52074 Aachen
Internet: www.apprimus-verlag.de, E-Mail: info@apprimus-verlag.de

Druck: CPI Druckdienstleistungen GmbH
Ferdinand-Jühlke-Straße 7 | 99095 Erfurt

ISBN 978-3-98555-227-6

D 82 (Diss. RWTH Aachen University, 2024)

Zusammenfassung

Mit den wachsenden technologischen Herausforderungen unserer globalisierten Welt wächst auch der Bedarf an hochspezialisierten Funktionsmaterialien, die eine Schlüsselrolle in Zukunftstechnologien wie Mikroelektronik, Quantentechnologie und Fusionstechnologie einnehmen. Im Zuge dieser Entwicklung konnten in den letzten Jahren große Fortschritte durch die Erschließung neuer Materialklassen wie beispielsweise Perowskite erzielt werden. Dabei handelt es sich um meist oxidische Keramiken der allgemeinen Summenformel ABO_3, wobei A und B verschiedene Metallionen darstellen. Lanthan-Nickel-Oxid oder kurz LNO (LaNiO3) gehört ebenfalls zu dieser Materialklasse und zeichnet sich durch eine hohe elektrische Leitfähigkeit bei Raumtemperatur aus. Diese, bei Keramiken eher exotische Eigenschaft, macht LNO zu einem potenziellen Kandidaten in vielen technischen Anwendungen, beispielsweise als Elektrode in Mikroelektromechanischen Systemen (MEMS), als Seed-Layer für das Wachstum von piezokeramischen Schichten oder als Funktionsmaterial in Sauerstoff-Sensoren.

LNO wird schon seit einigen Jahrzehnten wegen seiner besonderen physikalischen Eigenschaften untersucht. Die Herstellung von dünnen LNO-Schichten, wie sie in den meisten Anwendungen benötigt werden, erfolgt meist nasschemisch und erfordert einen thermischen Schritt zur Kristallisation der Schichten. Dieser wird meist mittels Ofen oder Heizelementen durchgeführt und benötigt mehrere Minuten bis Stunden. Die übergeordnete Zielsetzung dieser Arbeit besteht in der erstmaligen Entwicklung eines laserbasierten Verfahrens zur Herstellung von kristallinen LNO-Schichten mit hoher elektrischer Leitfähigkeit. In diesem Zusammenhang ist auch die Entwicklung von applikationsangepassten Funktionstinten erforderlich, welche die Anforderungen an ein laserbasiertes Verfahren erfüllen.

Zur Erreichung der Ziele werden zunächst verschiedene Funktionstinten hinsichtlich ihrer Eignung in einem laserbasierten Verfahren untersucht und charakterisiert. Anschließend werden die Einflussfaktoren auf den Kristallisationsprozess dünner LNO-Schichten quantifiziert und geeignete Bedingungen für ein laserbasiertes Verfahren abgeleitet. Aufbauend auf diese Versuche werden verschiedene Laserstrahlquellen hinsichtlich ihrer Eignung untersucht.

Im Zuge dieser Arbeit kann ein Verfahren entwickelt werden, mit dem LNO-Schichten in einem pyrometrisch überwachten und geregelten Prozess mit einem Dioden-Laser (Emissionswellenlänge: 980 nm) kristallisiert und elektrische Leitfähigkeiten von bis zu 291 S/cm erreicht werden. Die notwendige Prozesszeit kann dabei von mehreren Minuten (Stand der Technik) auf wenige Sekunden reduziert werden. Als Schlüssel für diese Entwicklung kann die Zusammensetzung der verwendeten Funktionstinte sowie die vorherrschende Gasatmosphäre während der thermischen Prozessierung identifiziert werden. Diese Entwicklung eröffnet vielfältige Möglichkeiten für neue Anwendungen von LNO.

Summary

As the technological challenges of our globalized world grow, so does the need for highly specialized functional materials that play a key role in future technologies such as microelectronics, quantum technology and fusion technology. In the course of this development, great progress has been made in recent years by exploring new material classes such as perovskites. These are mostly oxide ceramics with the stoichiometry ABO_3, where A and B represent different metal ions. Lanthanum nickel oxide, or LNO for short (LaNiO3), also belongs to this class of materials and exhibits a high electrical conductivity at room temperature. This property, rather exotic in ceramics, makes LNO a potential candidate in many technical applications, for example as an electrode in microelectromechanical systems (MEMS), as a seed layer for the growth of piezoceramic films, or as a functional material in oxygen sensors.

LNO has been studied for several decades because of its special physical properties. The production of thin LNO layers, as required in most applications, is done in a chemical solution deposition process and requires a thermal step to crystallize the layers. This is usually performed using an oven or heating elements and requires several minutes to hours. The overall objective of this work is to develop a laser-based process for the production of crystalline LNO layers with high electrical conductivity. In this context, it is also necessary to develop adapted functional inks that meet the requirements of a laser-based process.

To achieve these goals, various functional inks are first investigated and characterized regarding their suitability in a laser-based process. Subsequently, the factors influencing the crystallization process of thin LNO layers are quantified and suitable conditions for a laser-based process are derived. Based on these experiments, different laser beam sources are investigated with respect to their suitability.

In the course of this work, a method is developed with which LNO layers can be crystallized in a pyrometrically monitored and controlled process using a diode laser (emission wavelength: 980 nm) and electrical conductivities of up to 291 S/cm can be achieved. The necessary processing time can be reduced from several minutes (state of the art) to a few seconds. The key to this development is the composition of the functional ink used and the prevailing gas atmosphere during thermal processing. This development opens up a wide range of possibilities for new applications for LNO.

Danksagung

An erster Stelle möchte ich mich bei Herrn Univ.-Prof. Dr. rer. nat. Peter Loosen für die Ausfüllung der Rolle des Doktorvaters in den letzten Jahren bedanken. Aus den gemeinsamen Gesprächen konnte ich steht konstruktive Ideen, Anregungen und Motivation mitnehmen. Zudem danke ich den Herren Univ.-Prof. Dr.-Ing. Robert Schmitt und Univ.-Prof. Dr.-Ing. Christian Hopmann für die Übernahme des Zweitgutachtens respektive des Prüfungsvorsitzes.

Bei Christian Vedder und Jochen Stollenwerk bedanke ich mich für die enge, wissenschaftliche Betreuung in den vergangenen Jahren und viele geduldige Diskussionen. Durch diese Betreuung habe ich gelernt, sorgfältig zu arbeiten, präzise zu formulieren und jedes Ergebnis kritisch zu hinterfragen. Ich hoffe, diese wertvollen Lektionen auch an die, von mir betreuten Studenten weitergegeben zu haben. Mein besonderer Dank für die fachliche und persönliche Unterstützung im letzten Jahr meiner Promotion gilt Christian Vedder, ohne den diese Arbeit vielleicht nie vollendet worden wäre.

Meinen ehemaligen und aktuellen Arbeitskolleginnen und -kollegen meiner Arbeitsgruppe am Fraunhofer ILT - Christian Vedder, Melanie Meixner, Philipp Lott, Hendrik Sändker, Susanne Wollgarten, Nicole Ritschel, Florian Fuchs, Jonas Mertin, Matthias Rehberger, Bernhard Lüttgenau, Carsten Johnigk, Florian Ribbeck, Martin Shulevski, Nikita Grigorev, Tobias Brunner, Michael Steinhoff, Linda Hoff, Jonas Frühling, Manuella Guirgues, Delil Demir, Adam El-Sarout und Julius Funke - gilt mein Dank für die konstruktive Unterstützung bei der Verfassung der Dissertation, aber insbesondere auch für die unvergleichbare Arbeitsatmosphäre, unzählige morgendliche Kaffeerunden, Bouldersessions, fachliche Diskussionen und gemeisterte Escape-Rooms. Besonderer Dank gilt dabei auch meinem langjährigen Bürokollegen Rebar Hama-Saleh, mit dem ich viele Samstag am ILT verbracht habe, um die Arbeit fertig zu stellen. Dabei konnte ich mich stets darauf verlassen, dass er einen Möglichkein finden würde, einen starken Kaffee zuzubereiten.

Allen von mir betreuten Studenten und Studentinnen – Linus Dahmen, Daniel Marshallsay, Jakob Foos, Jupiter Guedea Ruiz, Linda Hoff, Adam El-Sarout, Jens Schmiemann, Jonas Weich, Alexander Kitke und Carine Lourenco Alves - danke ich für die unerschöpfliche Unterstützung und die gemeinsam erarbeiteten Erfolge.

Meinen Projektpartnern im Projekt Generator danke ich für eine enge Zusammenarbeit und angeregte Diskussionen. Mein besonderer Dank gilt dabei Theodor Schneller, Jan Lübben, Ulrich Böttger, Fabian Stoppel und Sven Grünzig, mit denen ich gemeinsam häufig über fragwürdigen Ergebnissen gebrütet habe.

Meiner Mutter, meinen Schwestern und meiner ganzen Familie danke ich für ihre unermüdliche Unterstützung in jeder Hinsicht, durch ihr Interesse an meinem Thema, die sorgfältige Korrektur der letzten Version und anregende wissenschaftliche Diskussionen im Bergland oberhalb von Zürich. Eine der vielleicht wichtigsten Personen, die maßgeblich zum Gelingen dieser Arbeit beigetragen hat, ist meine Freundin Mai Ly. Sie stand mir in den vergangenen Jahren immer zur Seite und hat mich über manches Motivationsloch getragen, wahrscheinlich, ohne es selbst zu bemerken. Sie hat mir die Zeit und die Freiheit geschenkt, diese Dissertation fertig zu stellen und hat mich auf diesem Weg stets mit aller Kraft unterstützt. Zuletzt danke ich meinem Vater, ohne den ich den Weg in die Wissenschaft vielleicht nie eingeschlagen hätte. Mit seinem unermesslichen Wissensschatz war er mir stets ein großes Vorbild und hat mich gelehrt, was uns die Welt zu zeigen vermag, wenn wir nur genau hinsehen. Er hat den Abschluss dieser Arbeit nicht mehr miterleben dürfen, aber ich werde ihn stets als den Mann in Erinnerung behalten, der mir so viel auf den Weg mitgegeben hat.

Aachen, August 2024

Samuel Moritz Fink

Inhalt

1 Motivation

Mit den wachsenden, technologischen Herausforderungen unserer globalisierten Welt wächst auch der Bedarf an hochspezialisierten Funktionsmaterialien, die eine Schlüsselrolle im technologischen Fortschritt einnehmen. Im Bereich der Werkstoff- und Materialwissenschaften werden stetig neue Materialien und Materialklassen entwickelt und erforscht, die spezifische technische Aufgaben erfüllen können. In den vergangenen Jahren finden dabei sogenannte Perowskite zunehmend Anwendung, Mineralien aus der Klasse der Oxide und Hydroxide der allgemeinen Strukturformel ABO_3. A und B sind dabei Metallionen (z.B. Blei und Titan), die zusammen mit dem Sauerstoff ein kubisches Kristallgitter bilden. Diese Perowskite zeichnen sich aufgrund ihrer physikalischen Eigenschaften durch eine große Bandbreite an Anwendungs- und Einsatzmöglichkeiten aus. Sie finden Verwendung als Dielektrika in Kondensatoren ($BaTiO_3$ [1]), als Piezoelektrika in Sensoren oder Aktuatoren ($PbTiZrO_3$ – PZT [2]), in Katalysatoren für die Wasserstoffgewinnung ($SrTi_{0.7}Ru_{0.3}O_3$ [3]), als Funktionsmaterial in perowskitischen Solarzellen [4] und in vielen weiteren Bereichen.

In mikroelektronischen Anwendungen spielen vor allem piezokeramische Perowskite eine wichtige Rolle. Sie werden unter anderem in sogenannten mikroelektromechanischen Systemen (MEMS) eingesetzt. Da mittels dieser Piezokeramiken mechanische und elektrische Signale direkt ineinander umgewandelt werden können, werden sie in vielen Anwendungsbereichen eingesetzt. Beispiele sind Körperschallsensoren [5], Präzisionsaktuatoren [6], Mikromotoren [7], Mikroschalter [8], Mikrolautsprecher [2] und nichtflüchtige Speichermedien [9]. Diese Bauelemente finden Verwendung in Geräten des alltäglichen Lebens wie beispielsweise Inkjet-Druckern, Smartphones oder Hörgeräten. Blei-Zirkonat-Titanat (PZT) ist momentan das Material mit der höchsten Leistungsfähigkeit und wird daher in den meisten piezoelektrischen MEMS-Anwendungen eingesetzt. Eine aktuelle Marktstudie von Yole Développement [10] prognostiziert für den MEMS-Markt eine Zunahme des Marktvolumens um 54 % auf ein Gesamtvolumen von 17,7 Mrd. USD von 2019 bis 2025. Wie in Bild 1 dargestellt, wird dabei das prozentuale Wachstum vor allem in den Bereichen Hochfrequenz-Technik, Oszillatoren und Thermopile-Sensoren erwartet. Die prognostizierte, mittlere CAGR (Compound Annual Growth Rate) liegt bei 7,4 %.

Auch bei anderen Anwendungen für Perowskite, und hier vor allem perowskitischen Dünnschichten, aus dem Bereich Energietechnik wird hinsichtlich des aktuellen Fokus auf diese Technologien ein Wachstum erwartet. Die Anzahl der wissenschaftlichen Publikationen im Bereich perowskitischer Solarzellen hat beispielsweise von 2010 (7 Publikationen) bis 2022 (4018 Publikationen) deutlich zugenommen [11].

Bild 1: Prognose der Marktentwicklung für MEMS-Anwendungen und -Bauteile von 2019 bis 2025. Im Mittel wird dabei ein CAGR (Compound Annual Growth Rate) von 7,4 % pro Jahr erwartet (Daten aus [10]).

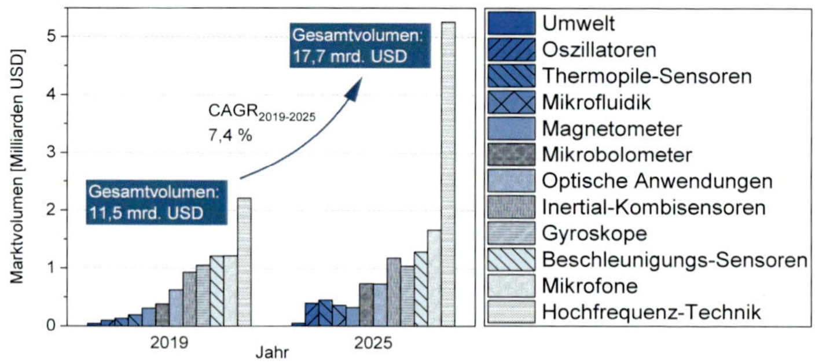

Dieser steigende Bedarf im Bereich der MEMS und die Weiterentwicklung der oben genannten Anwendungen für Perowskite erfordert neue Herstellungsverfahren. Um den Anforderungen an moderne und nachhaltige Wertschöpfungsketten zu genügen, müssen diese Technologien kosteneffizient, ressourcenschonend, flexibel, umweltfreundlich und digitalisierbar sein. Neben der Weiterentwicklung bereits bestehender Herstellungsverfahren können neue Technologien bisher nicht umsetzbare Bauteildesigns, Materialkombinationen und daraus hervorgehende Anwendungen ermöglichen. Ein innovativer Ansatz, die oben genannten Anforderungen an eine moderne Wertschöpfungskette zu erfüllen, ist die additive Herstellung von dünnen Perowskit-Schichten. Dabei werden die konventionellen, maskenbasierten Verfahren (z.B. Physical Vapour Deposition – PVD) durch nasschemische Beschichtungsverfahren ersetzt. In Kombination mit einer laserbasierten, thermischen Nachbehandlung können die notwendigen Prozesszeiten verkürzt und die thermische Belastung der Bauteile minimiert werden [12]. Dieser Ansatz wird in dieser Arbeit für die Perowskit-Keramik Lanthan-Nickel-Oxid (LNO) untersucht und evaluiert. LNO nimmt eine besondere Position unter den keramischen Feststoffen ein, da es bei Raumtemperatur eine elektrische Leitfähigkeit aufweist. Aufgrund dieser Eigenschaft und weiterer festkörperphysikalischer Materialeigenschaften ist LNO ein prädestinierter Kandidat für viele der oben genannten Anwendungen.

Ein konventionelles Verfahren zur Herstellung von dünnen keramischen Funktionsschichten ist in Bild 2 schematisch dargestellt. Die Funktionskeramik wird dabei mittels physikalischer Gasphasenabscheidung (PVD) als amorphe Schicht flächig auf das Substrat aufgebracht. Dieses Beschichtungsverfahren muss im Vakuum durchgeführt werden. Anschließend werden in einem lithografischen Verfahren Strukturen mittels maskenbasierter Belichtung eines Fotolacks und einem angeschlossenen Ätzschritt freigestellt. Nach der Entfernung des Fotolacks erfolgt die Kristallisation der amorphen Schichten in einem thermischen Verfahren. Die Elektroden, meistens wird hier Platin verwendet, können z. B. in einem PLD-Verfahren (Pulsed Laser Deposition) appliziert werden. Für die Herstellung eines Mehrlagensystems müssten die Verfahrensschritte mehrfach wiederholt werden.

Die konventionelle Herstellung ist sehr kosten- und zeitintensiv. Durch die hohe chemische Beständigkeit von häufig verwendeten Funktionskeramiken wie z.B.

PZT kommen entsprechend aggressive Ätzmittel zum Einsatz. Bei der selektiven Entfernung der Funktionskeramik im Ätzschritt entstehen im Falle von PZT bleihaltige Abfallprodukte, die aufwendig recycelt werden müssen. Durch die Verwendung von Belichtungsmasken können zwar hochaufgelöste Strukturen erzeugt werden, allerdings ist dieses Verfahren unflexibel und erfordert für jede neue Struktur einen eigenen Maskensatz. Die hohen Prozesstemperaturen von 600 – 800 °C bei der Kristallisation schränken die Auswahl an kompatiblen Elektrodenmaterialien ein, weshalb meist auf teures Platin zurückgegriffen werden muss. Platin weist eine hohe elektrische Leitfähigkeit (~1,0·10^5 S/cm), eine geringe Tendenz zur Oxidation bei hohen Temperaturen und eine hohe Austrittsarbeit (5,65 eV) auf [13]. Dadurch können Leckströme in mikroelektronischen Bauteilen minimiert werden [14]. Andere gängige Elektrodenmaterialien wie Kupfer, Gold oder Silber können nicht verwendet werden, da die Funktionalität durch Diffusionsvorgänge dieser Metalle in die Funktionskeramik hinein deren Funktionalität einschränken [15].

Bild 2: Gegenüberstellung der konventionellen und additiven Herstellung von strukturierten, keramischen Multimaterialsystemen.

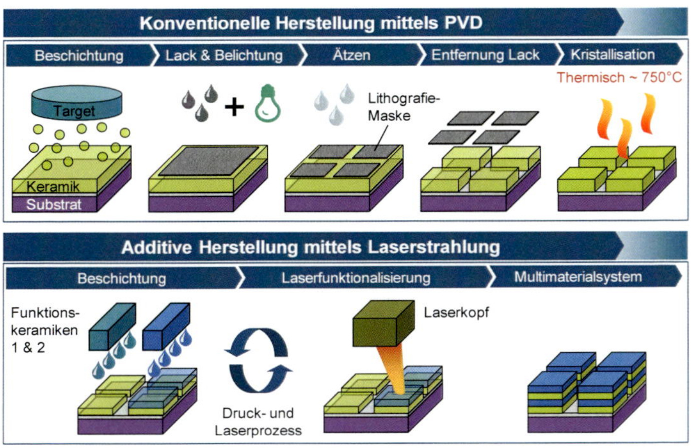

Eine Alternative zur konventionellen Herstellung stellt der, ebenfalls in Bild 2 dargestellte, additive Verfahrensansatz dar. Bei diesem Ansatz werden Keramiken in Form von Lösungen in einem nasschemischen Verfahren auf das Substrat appliziert (Chemical Solution Deposition – CSD). Anschließend erfolgt die Umwandlung dieser nassen Schichten in einem thermischen Verfahren. Konventionell werden dabei Öfen, Heizplatten oder das Verfahren „Rapid Thermal Annealing" (RTA) eingesetzt. Die thermisch induzierte Umwandung dieser Schichten kann jedoch auch mittels Laserstrahlung durchgeführt werden. Dabei wird aus den in der Lösung enthaltenen Elementen bzw. Ionen eine keramische Dünnschicht gebildet. Diese Keramik weist dann die gewünschte Funktionalität auf, z.B. piezoelektrische Eigenschaften. Das Einstellen der gewünschten Eigenschaften (z.B. elektrische Leitfähigkeit) wird im Folgenden als Funktionalisierung bezeichnet, die eingesetzten Lösungen als Funktionstinten.

Die Applikation der Funktionstinten kann mittels Spincoating, Tauchbeschichtung oder Verfahren wie z.B. Inkjet-Druck erfolgen. Abhängig vom Applikationsverfahren kann die Beschichtung daher bereits in der angestrebten Geometrie erfolgen, wodurch aufwendige Masken- oder Ätzprozesse entfallen. So können der Materialbedarf und die Menge an schwermetallhaltigen Abfallprodukten reduziert werden. Da auf aufwendige Vakuumverfahren und lithografische Masken verzichtet werden kann, hat ein additiver Verfahrensansatz das Potential, auch komplexe Mehrschichtsysteme schnell aufbauen zu können. Dadurch können die Leistungsfähigkeit piezoelektrischer Bauelemente gesteigert und neue Einsatzgebiete erschlossen werden.

Für piezoelektrische Schichten aus Blei-Zirkonat-Titanat (PZT) ist die additive Herstellung mittels CSD und laserbasierter Funktionalisierung bereits eingehend untersucht worden, wie in Kapitel 2.5 beschrieben. In dieser Arbeit wird das Verfahren auf Dünnschichten aus Lanthan-Nickel-Oxid (LNO) übertragen. LNO ist ein vielversprechender Kandidat für Dünnschichtelektroden für MEMS auf PZT-Basis. Durch die Entwicklung eines lasergestützten Verfahrens zur Herstellung dünner LNO-Schichten kann der additive Verfahrensansatz aus Bild 2 auf Mehrlagensysteme aus PZT (Piezokeramik) und LNO (Elektrode) erweitert und so neue Bauteil-Designs realisiert werden.

2 Stand von Wissenschaft und Technik

In den folgenden Abschnitten wird der Stand von Wissenschaft und Technik zur additiven Herstellung von dünnen LNO-Schichten zusammengefasst. In Bild 3 ist eine Übersicht der relevanten Aspekte dargestellt. Dieses Kapitel ist entsprechend dieser Aspekte strukturiert.

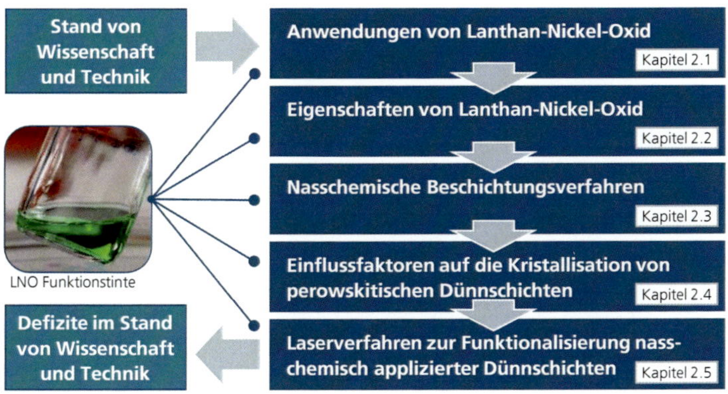

Bild 3: Übersicht über die für diese Arbeit relevanten Aspekte des aktuellen Standes von Wissenschaft und Technik und die Kapitelstruktur.

Foto: LNO-Funktionstinte, wie sie für die nasschemische Beschichtung verwendet wird (Fraunhofer ILT).

Zunächst werden in diesem Kapitel Anwendungsbeispiele für LNO vorgestellt. Anschließend werden die physikalischen Eigenschaften von LNO erläutert. Dann wird der aktuelle Stand von Wissenschaft und Technik zu nasschemischen Beschichtungsverfahren zusammengefasst. Anschließend werden die Grundlagen der Kristallisation von perowskitischen Dünnschichten und bisher bekannte Laserverfahren zur Funktionalisierung solcher Dünnschichten vorgestellt. Aus diesen Teilaspekten leiten sich die Defizite im derzeitigen Stand von Wissenschaft und Technik ab, welche die Arbeitspunkte und Fragestellungen in dieser Arbeit motivieren. Die Defizite sind in Kapitel 3.1 zusammengefasst.

2.1 Anwendungen von Lanthan-Nickel-Oxid

Funktionskeramiken aus Lanthaniden, Übergangsmetallen und Sauerstoff gewinnen aufgrund ihrer vielseitigen physikalischen Eigenschaften zunehmend an Bedeutung in technischen Anwendungen. Besonders für Funktionskeramiken aus dem Lanthan-Nickel-Sauerstoff-System (La-Ni-O) werden ständig neue Anwendungsfelder erschlossen. Lanthan-Nickel-Oxid bildet abhängig von der Kristallisationstemperatur und der Zusammensetzung unterschiedliche Kristallographische Phasen aus. Diese Phasen weisen gänzlich unterschiedliche Eigenschaften auf. In dieser Arbeit wird daher allgemein von „LNO-Schichten" gesprochen, ist eine spezifische Kristallphase gemeint, welche entsprechend der Stöchiometrie der kristallinen Einheitszelle indiziert wird (z.B. $LaNiO_3$).

Eine Übersicht über Anwendungen von LNO-Verbindungen sind in Bild 4 dargestellt. Die wahrscheinlich relevanteste Anwendung nach dem derzeitigen Stand der Technik ist die Verwendung von LNO (als $LaNiO_3$) als Elektroden in piezoelektrischen MEMS. Durch die Kombination von $LaNiO_3$ als Elektrodenmaterial und beispielsweise Blei-Zirkonat-Titanat (PZT) als piezoelektrische Funktionskeramik in einer MEMS-Anwendung kann deren Lebensdauer verlängert und Leistungsfähigkeit erhöht werden. Sama et al. zeigen, dass durch die Verwendung von $LaNiO_3$ statt Platin als Elektrode die Kristallorientierung einer PZT-Schicht so beeinflusst werden kann, dass dessen Dielektrizitätskonstante steigt und die Polarisierbarkeit um bis zu 20% zunimmt [16]. Durch die ähnlichen Gitterkonstanten der kristallographischen Einheitszellen der beiden Materialien eignet sich kristallines $LaNiO_3$ als Substrat, um ein epitaktisches Wachstum von PZT-Kristallen zu begünstigen [17–20].

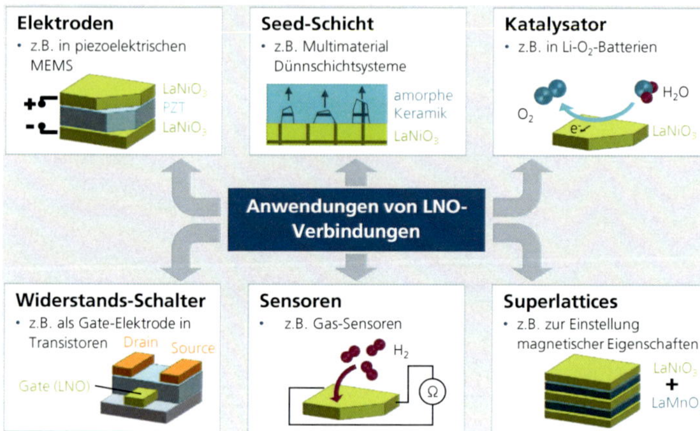

Bild 4: Übersicht über verschiedene Anwendungen von Lanthan-Nickel-Oxiden (LNO).

Die Verbindung $La_2NiO_{4+\delta}$ gilt als vielversprechendes Kathodenmaterial in oxidischen Feststoff-Brennstoffzellen (Solid Oxide Fuel Cells – SOFC). Im Vergleich zu bisher untersuchten Perowskiten kann $La_2NiO_{4+\delta}$ als Kathode bei geringeren Temperaturen im Bereich 650 – 800 °C effizient eingesetzt werden, womit die Lebensdauer der SOFC verlängert werden kann [21]. Die Verbindung $LaNiO_3$ findet Verwendung als Katalysator für die Aktivierung von Natrium-Persulfat zum Abbau von Antibiotika in Abwässern [22]. Gleichzeitig kann $LaNiO_3$ als Katalysator für die sogenannte „Oxygen Evolution Reaction" (OER) eingesetzt werden, wie sie z.B. in Lithium-Sauerstoff-Batterien (Li-O_2-Batterien) abläuft [23]. Die katalytische Funktionalität wird dabei von Sauerstoffatomen aus dem Kristallgitter erfüllt [24,25].

Die perowskitische $LaNiO_3$-Phase kann zwischen einem elektrisch leitenden Zustand und einem isolierenden Zustand wechseln. Dieser Übergang wird als „metal-insulator transition" (MIT) bezeichnet und tritt temperaturabhängig bei dünnen $LaNiO_3$-Schichten von wenigen Nanometern Dicke auf. Diese Eigenschaft kann in Transistoren ausgenutzt werden, indem die Transporteigenschaften der $LaNiO_3$ Gate-Elektrode durch das Anlegen eines externen elektrischen Feldes verändert werden [26].

Die empfindliche Abhängigkeit der elektrischen Leitfähigkeit von $LaNiO_3$ macht dieses Material zu einer interessanten Option in z.B. Gassensoren. In Verbindung mit LaOCl-NiO-Komposit-Nanofasern haben Hwang et al. eine Abhängigkeit der Leitfähigkeit von der umgebenden Gasatmosphäre (H_2, CO, NH_3, NO_2 und Ethanol) nachgewiesen [27]. Weitergehende Untersuchungen und Prognosen zu den Anwendungen von LNO-Verbindungen schließen deren Verwendung in z.B. sogenannten „Superlattices" für die Herstellung von Hochtemperatur-Supraleitern ein [28,29]. Alle genannten Anwendungen basieren auf den besonderen physikalischen Eigenschaften verschiedener LNO-Verbindungen bzw. kristallographische Phasen, welche Lösungen für aktuelle technische Herausforderungen darstellen können.

2.2 Eigenschaften von Lanthan-Nickel-Oxid

Das La-Ni-O-System weist verschiede stöchiometrische Zusammensetzungen oder Phasen auf. Diese Phasen hängen dabei von der atomaren Zusammensetzung der Ausgangsstoffe und den Kristallisationsbedingungen wie Temperatur, Kristallisationszeit und Atmosphärenzusammensetzung ab. Ein Schnitt durch das ternäre Phasendiagramm des La-Ni-O-Systems bei einem festgelegten Sauerstoffpartialdruck von 0,2 bar (Raumluft) ist in Bild 5 dargestellt. Nach diesem Phasendiagramm ist die angestrebte und elektrisch leitende Phase $LaNiO_3$ nur bei Temperaturen unter 980 °C [30] und relativen molaren Anteilen von Nickel von über 0,43 [31,32] stabil.

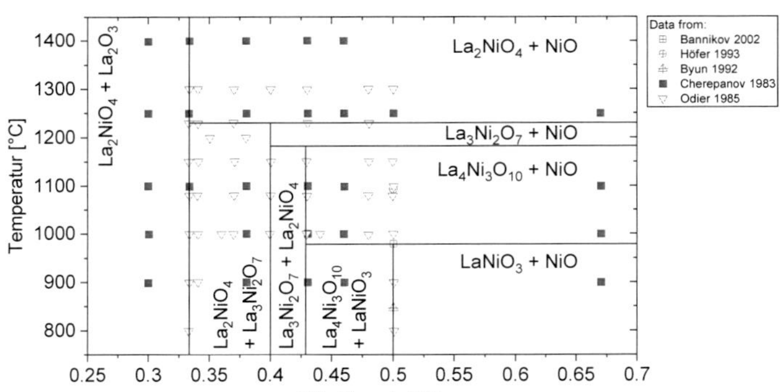

Bild 5: Phasendiagramm des La-Ni-O-Systems. Daten aus Bannikov et al. [30], Höfer et al. [33], Byun et al. [34], Cherepanov et al. [31] und Odier et al. [32]. Bild nach Zinkevich et al. [35].

Um möglichst phasenreines $LaNiO_3$ herzustellen, wird in der verwendeten Präkur-sorlösung ein äquimolares Verhältnis von La zu Ni eingestellt. Bei höheren Temperaturen oder anderen molaren Verhältnissen von Ni/La werden die stöchiometrischen Phasen La_2O_3, La_2NiO_4, $La_3Ni_2O_7$, NiO und $La_4Ni_3O_{10}$ gebildet. Mit steigender Temperatur bilden sich aus dem leitfähigen, perowskitischen $LaNiO_3$ sogenannte Ruddlesden-Popper-Phasen (RP). Die zugeordneten Reaktionsgleichungen mit den entsprechenden Temperaturen lauten wie folgt:

R1	$4\ LaNiO_3 = La_4Ni_3O_{10} + NiO + 0{,}5\ O_2$	$T_1 = 980\ °C$	[30]
R2	$3\ La_4Ni_3O_{10} = 4\ La_3Ni_2O_7 + NiO + 0{,}5\ O_2$	$T_2 = 1180 - 1230\ °C$	[35]
R3	$2\ La_3Ni_2O_7 = 3\ La_2NiO_4 + NiO + 0{,}5\ O_2$	$T_3 \geq 1230\ °C$	[32]

Tabelle 1: Reaktionen und Bildungsbedingungen der verschiedenen Phasen aus dem La-Ni-O-System. R1-R3 beschrieben die Reaktionen Nummer 1-3.

In unterschiedlichen Quellen werden hier allerdings verschiedene Gleichgewichtstemperaturen für die Reaktionen R1 und R3 angegeben. Die Temperatur, bei der $LaNiO_3$ in andere Phasen zerfällt, variiert zwischen den verfügbaren Quellen zwischen Werten von 825 °C [33] und 980 °C [30]. Diese Diskrepanz kann an unterschiedlichen Syntheserouten oder unterschiedlichen Kalzinierungszeiten liegen. Die geringe thermische Stabilität von $La^{3+}Ni^{3+}O_3$ liegt nach Höfer et al. an der geringen Stabilität des dreiwertigen Ni^{3+} [33]. Durch die Reduktion zu Ni^{2+}-Ionen entstehen die oben beschriebenen Sauerstoff-Fehlstellen im $LaNiO_{3-x}$-Gitter, welche zur Reduktion der elektrischen Leitfähigkeit führen. Ein weiterer Grund für die Abweichungen zwischen unterschiedlichen Veröffentlichungen kann die langsame Bildung der Phasen $La_3Ni_2O_7$ und $La_4Ni_3O_{10}$ sein, welche neben den thermodynamisch stabileren Phasen $LaNiO_3$ und La_2NiO_4 nicht eindeutig nachweisbar sind [36]. Daher ist auch die Gleichgewichtstemperatur der Reaktion R2 nicht genau bekannt. Das bei jeder der dargestellten Reaktionen entstehende Nickel-Oxid (NiO) wird als eigene Phase ausgeschieden und kann in XRD-Messungen nachgewiesen werden.

Der thermodynamische Zusammenhang für die Bildung der in Bild 5 dargestellten Phasen kann im isothermen ternären Phasendiagramm abgelesen werden. Dieses Phasendiagramm für das La-Ni-O-System ist in Bild 6 abgebildet. Die Werte sind theoretisch ermittelt und im Bild für eine Temperatur von 0 K dargestellt. Die Graustufen geben dabei die durchschnittliche Bildungsenthalpie pro Atom in der jeweiligen Phase wieder. Die berechneten Daten sind dem „Materials Project" entnommen [37]. $LaNiO_3$ stellt dabei nicht die thermodynamisch stabilste Phase dar. Das System strebt die Bildung der Oxide La_2O_3 und La_2NiO_4 bzw. NiO (abhängig von der stöchiometrischen Zusammensetzung des Systems) an. Die Übertragbarkeit auf das reale Phasendiagramm ist aufgrund der geringen Berechnungstemperatur von 0 K eingeschränkt, gibt aber einen Hinweis auf das zu erwartende thermodynamische Verhalten des La-Ni-O-Systems.

Bild 6: Theoretisch berechnetes Phasendiagramm des La-Ni-O-Systems bei einer Temperatur von 0 K sowie die Bildungsenthalpien dieser Phasen. Daten aus [37].

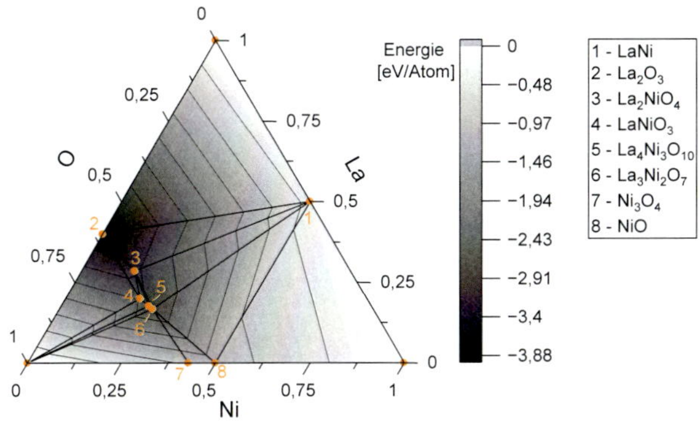

Für diese Arbeit ist vor allem das elektrisch leitende $LaNiO_3$ relevant. Diese Phase bildet eine elektrisch leitende Oxidkeramik mit perowskitischer Kristallstruktur. Belastbare Literaturwerte der Leitfähigkeit bei Raumtemperatur liegen zwischen $0{,}36 \cdot 10^3$ S/cm (CSD-Abscheidung) [38] und $6{,}67 \cdot 10^3$ S/cm (Magnetron-Sputter-Abscheidung) [39]. Die Leitfähigkeit hängt dabei unter anderem von der Schichtdicke, dem Applikationsverfahren, dem Substrat, der Kristallisationstemperatur, der Kristallisationsdauer und der Gasatmosphäre bei der Kristallisation ab. Durch dieses breite Spektrum an Einflussfaktoren ist die Festlegung eines Maximalwerts der Leitfähigkeit anhand des aktuellen Stands der Literatur nicht möglich. Die Einflussfaktoren werden weiter unten eingehend diskutiert. $LaNiO_3$ ist ein intrinsischer n-Typ Leiter mit einer geringen Elektronendichte am Fermi-Niveau, ähnlich wie hochtemperatursupraleitende Oxide [40]. Die Leitfähigkeit resultiert aus der Hybridisierung der Ni3d- und O2p-Orbitale [41]. Dadurch entstehen Elektronen, die sich frei im Kristallgitter bewegen können. Die Leitfähigkeit wird dabei vor allem durch den Oxidationszustand der Nickel-Ions im Gitter bestimmt. Das Nickel-Ion kann dabei zwischen den Oxidationszuständen Ni^{3+} ($LaNiO_3$) und Ni^{2+} (z.B. NiO) wechseln. Je höher der Anteil an Ni^{3+}-Ionen, desto höher ist die Leitfähigkeit.

Die kubische Einheitszelle von $LaNiO_3$ (Raumgruppe Pm-3m) ist in Bild 7 links dargestellt. Durch den kleinen Atomradius des La-Kations entsteht für Temperaturen unterhalb von 1100 °C eine räumliche Lücke, die von den NiO_6-Oktaedern eingenommen wird, um die ionische Packungsdichte zu vergrößern. Die resultierende Einheitszelle ist rhomboedrisch verzerrt (Bild 7 Mitte). Zur Vereinfachung wird die Struktur häufig als pseudokubisch (Bild 7 rechts) mit der Gitterkonstanten $a = 3{,}84$ Å angenommen [42]. Die NiO_6-Oktaeder sind dabei leicht gegeneinander verkippt, der Ni-O-Ni Bindungswinkel beträgt 165,2° [43].

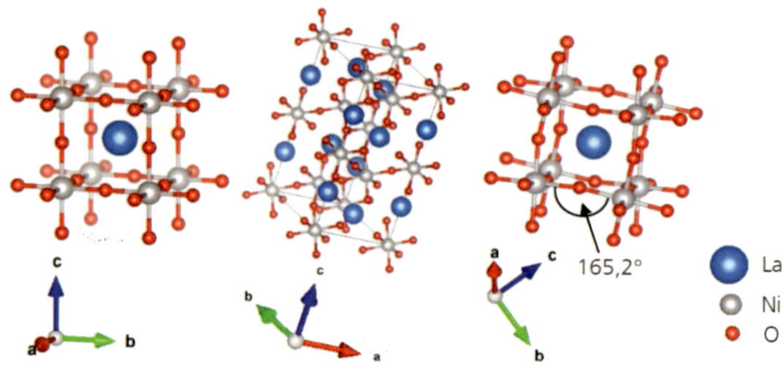

Bild 7: Links: Kubische Einheitszelle von $LaNiO_3$; Mitte: Rhomboedrische Einheitszelle (hexagonale Achsen); Rechts: Pseudokubische Struktur. Erstellt mit der Software VESTA [44].

Dünne $LaNiO_3$-Schichten werden durch unterschiedliche Verfahren hergestellt. Für diese Arbeit sind mittels „Chemical Solution Deposition" (CSD) hergestellte Schichten relevant (vgl. Kapitel 2.3). In Tabelle 2 sind einige Quellen zusammengefasst, deren Autoren sich mit der Herstellung von dünnen $LaNiO_3$-Schichten mittels CSD beschäftigen. Die thermische Funktionalisierung erfolgt mittels RTA, Ofen oder Heizplatten. Die Quellen unterscheiden sich dabei hinsichtlich der verwendeten Präkursoren, der Substrate, der Parameter bei der Kristallisation und den erreichten Leitfähigkeiten. Diese Zusammenfassung verdeutlicht, dass eine Vielzahl von Parametern berücksichtigt werden müssen, welche sich alle auf die betrachteten Zielgrößen (Leitfähigkeit und Kristallphase) auswirken können.

Präkursorsalze		**Substrat**	**Kristall.-zeit**	**Kristall.-temp.**	**Max. Leitfähigkeit**	**Quelle**
La	Ni		[min]	[°C]	[S/cm]	
Nitrat	Acetat	Si	10	750	$1{,}07 \cdot 10^3$	[45][1]
Nitrat	Nitrat	Si	10 – 120	700	$0{,}85 \cdot 10^2$	[46][2]
Nitrat	Acetat	SiO_2/Si	30	700	$1{,}1 \cdot 10^3$	[47]
Nitrat	Acetat	Si	5	500 – 700	$1{,}38 \cdot 10^3$	[48]
Acetat	Acetat	Si, Pt, SiO_2/Si	3	500 – 800	$1{,}54 \cdot 10^3$	[40]
Nitrat	Acetat	SiO_2/Si, $SrTiO_3$	60	650 - 850	$1{,}85 \cdot 10^3$	[49]
Acetat	Nitrat	Si, QG	60	600 – 900	$5{,}0 \cdot 10^2$	[50]
Nitrat	Nitrat	SiO_2/Si	60	550 - 800	$1{,}24 \cdot 10^3$	[38]
Nitrat	Nitrat	Saphir	240	540 – 1100	$1{,}22 \cdot 10^3$	[51]

Tabelle 2: Übersicht verschiedener Ansätze aus der Literatur für die Herstellung von dünnen $LaNiO_3$-Schichten. Alle dargestellten Schichten werden mittels Spincoating auf unterschiedliche Substrate appliziert und mittels Ofen oder „Rapid thermal annealing" (RTA) in Luft kristallisiert. QG: Quarzglas; Si: Silizium-Wafer; SiO_2/Si: Oxidierter Silizium-Wafer.[1] Beschichtung mittels Dipcoating.[2] Vergleich Kristallisation in Ofen und Mikrowellenofen.[3] Angegebene Werte für die Leitfähigkeit sind vermutlich fehlerhaft und übersteigen die erreichbaren Werte.

Für die laserbasierte Kristallisation von LNO ist die Kenntnis der optischen Eigenschaften ausschlaggebend. Amorphes LNO ist ein Isolator und die Fermi-Energie liegt zwischen Valenz- und Leitungsband. Die Bandlückenenergie E_g ist typischerweise größer als 2 eV [52]. Im sichtbaren spektralen Bereich sind Isolatoren meistens transparent, da die entsprechende Photonenenergie kleiner als die Bandlückenenergie ist. Auch die thermische Energie ist kleiner als die Bandlückenenergie, sodass die Absorption in Abhängigkeit von der Temperatur gering bleibt. Im Gegensatz dazu ist kristallines $LaNiO_3$ ein elektrischer Leiter. Leiter haben meist einen größeren Reflexionsgrad als Isolatoren, da freie Elektronen durch die einfallende elektromagnetische Welle zu Schwingungen angeregt werden, wobei sie wiederum Strahlung emittieren.

In der Literatur wird der komplexe Brechungsindex $\tilde{n}$ von $LaNiO_3$ in Abhängigkeit der Stöchiometrie im sichtbaren Wellenlängenbereich diskutiert. Die Eigenschaften von kristallinem LNO werden maßgeblich von der Konzentration von Sauerstoff-Fehlstellen beeinflusst. Für $LaNiO_{3-x}$ steigt mit abnehmendem Sauerstoffanteil der Brechungsindex an, der Extinktionskoeffizient k nimmt ab. Der Realteil n des komplexen Brechungsindex liegt dabei zwischen 1,9 für $LaNiO_{3-x}$ und 1,4 für $LaNiO_3$. In Abhängigkeit des Sauerstoffanteils findet ein Metall-Isolator Übergang statt. Ein zu geringer Sauerstoffanteil führt im Gegensatz zu stöchiometrischem LNO zu einem elektrisch isolierenden Verhalten ab $LaNiO_{2,5}$ [53].

Eine Analyse des komplexen Brechungsindex $\tilde{n} = n \cdot i + k$ von LNO auf Quarzglas wird von Zayed et al. diskutiert. Die Ergebnisse dieser Untersuchung sind in Bild 8 dargestellt. Für eine thermische Behandlung bei 550 °C bleibt die LNO-Schicht amorph. Röntgendiffraktogramme dieser Schichten zeigen keine Reflexe, die auf eine Kristallisation hindeuten. Für diese LNO-Schichten ergibt sich nur eine geringe Abhängigkeit des komplexen Brechungsindex von der Behandlungstemperatur.

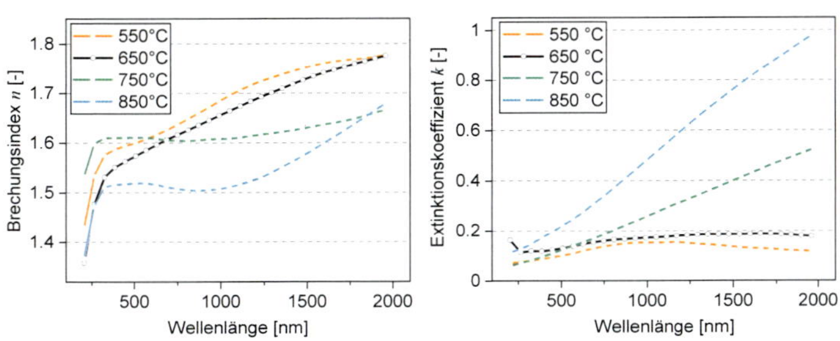

Bild 8: Komplexer Brechungsindex von LNO bei Raumtemperatur. Die Temperatur der thermischen Behandlung variiert zwischen 550°C (amorphes LNO) und 850°C (kristallines LNO). Daten aus [54].

Nach der thermischen Behandlung bei 750 °C und 850 °C sind die LNO-Schichten kristallin und weisen deutlich Reflexe im Röntgendiffraktogramm auf. Bei diesen Schichten nimmt der Realteil des komplexen Brechungsindex mit der Kristallisationstemperatur ab, der Extinktionskoeffizient nimmt zu. Die dargestellten Messungen werden alle bei Raumtemperatur durchgeführt. [54]

Wie im Phasendiagramm in Bild 5 dargestellt, können abhängig von der Temperatur jedoch neben dem elektrisch leitenden $LaNiO_3$ auch sogenannte Ruddlesden-Popper-Phasen entstehen. Diese kristallographischen Phasen können abhängig von der Temperatur unterschiedliche stöchiometrische Zusammensetzungen mit der allgemeinen Formel $La_{n+1}Ni_nO_{3n+1}$ (n = 3,2,1) aufweisen. Mit steigender Temperatur nimmt n dabei die Werte 3 (980 °C), 2 und 1 (1231 °C) an [30,35]. Diese Ruddlesden-Popper-Phasen bestehen aus Lagen von $LaNiO_3$

(Perowskit) mit interkalierten LaO-Schichten (kubische Natriumchlorid-Struktur), wodurch sich eine komplexe Kristallstruktur ergibt [55].

Die Struktur ist für verschiedene Werte von n in Bild 9 schematisch dargestellt. Diese Phasen erlauben die Bildung von sogenannten Hyperstöchiometrien, bei denen Sauerstoff interstitiell in die LaO-Struktur eingebaut werden kann. Diese Hyperstöchiometrien werden beispielsweise in $La_2NiO_{4+\delta}$ durch das δ indiziert. Durch diese Sauerstoffatome ändert sich der Verkippungswinkel der NiO_6-Oktaeder relativ zueinander, wodurch wiederum die Leitfähigkeit beeinflusst wird. Die angegebenen Leitfähigkeiten zeigen, dass auch für die Ruddlesden-Popper-Phasen aus dem La-Ni-O-System elektrische Leitfähigkeiten gemessen werden können. Amow et al. begründen die Zunahme der elektrischen Leitfähigkeit mit der Zunahme von n durch den dadurch steigenden Anteil der perowskitischen Kristallstruktur. [21]

Bild 9: Schematische Darstellungen der Ruddlesden-Popper-Phasen des La-Ni-O-Systems mit der allgemeinen Summenformel $La_{n+1}Ni_nO_{3n+1}$ (n=1, 2 und 3). Die Einheitszelle ist jeweils durch das gestrichelte Rechteck angedeutet. Darstellung nach Amow et al. [21]. Die Werte für die elektrischen Leitfähigkeiten sind ebenfalls [21] entnommen und gelten für die angegebenen hyperstöchiometrischen Phasen.

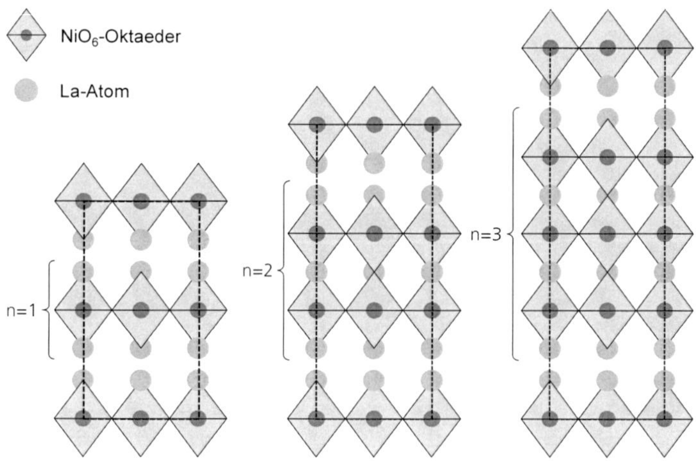

Summenformel	La_2NiO_4	$La_3Ni_2O_7$	$La_4Ni_3O_{10}$
Leitfähigkeit bei 20°C [S/cm]	40 ($La_2NiO_{4,15}$)	28 ($La_3Ni_2O_{6,95}$)	188 ($La_4Ni_3O_{9,78}$)

Das La-Ni-O-System zeichnet sich durch ein hohes Maß an Komplexität aus, da neben der erwünschten $LaNiO_3$-Phase eine Vielzahl von anderen Phasen entstehenden können, welche die Leitfähigkeit reduzieren. Dadurch ist das Prozessfenster für eine Kristallisation von $LaNiO_3$ zu niedrigen Temperaturen (amorphe Phase) und hohen Temperaturen (Zerfall der $LaNiO_3$-Phase bzw. Bildung der Ruddlesden-Popper-Phase) begrenzt. Die Untersuchung der Grenzen und komplexen Zusammenhänge zwischen der Leitfähigkeit und den Verfahrens- bzw. Materialparametern ist Gegenstand dieser Arbeit.

2.3 Nasschemische Beschichtungsverfahren

Für die Herstellung von dünnen Schichten für den Einsatz in der Mikroelektronik haben sich neben physikalischen vor allem nasschemische Beschichtungsverfahren etabliert. Diese Verfahren werden unter dem Sammelbegriff „Chemical Solution Deposition" (CSD) zusammengefasst. Sie bieten den Vorteil, dass die Schichtapplikation nicht im Vakuum stattfinden muss und sowohl organische (z.B. polymere Fotolacke) als auch anorganische Schichten (z.B. Funktionskeramiken) relativ einfach und schnell bei gleichzeitig hoher Schichtqualität appliziert werden können [56]. Die Schichtdicken reichen dabei von wenigen Nanometern bis hin zu einigen hundert Mikrometern. Für die Herstellung von PZT- oder LNO-Schichten wird meistens das Spin-Coating-Verfahren eingesetzt. Dabei wird eine geeignete Präkursor-Lösung auf ein Substrat appliziert, welches anschließend in Rotation versetzt wird, wodurch die Präkursor-Lösung als homogene Schicht aufgeschleudert wird. Durch Einstellung der rheologischen Eigenschaften und der Rotationsgeschwindigkeit kann die Schichtdicke in einem gewissen Rahmen variiert werden. Ein weiteres Beschichtungsverfahren stellt das Spray-Coating (Sprühbeschichtung) dar. Dabei wird ebenfalls eine flüssige Präkursorlösung durch eine Düse fein zerstäubt und so auf ein Substrat appliziert. Häufig wird auch das Verfahren des Tauchbeschichtens (Dip-Coating) eingesetzt. Dabei wird das Substrat in eine Präkursor-Lösung eingetaucht und mit einer definierten Geschwindigkeit wieder herausgezogen. Die genannten Verfahren sind nicht oder nur sehr eingeschränkt ortselektiv, sondern eher für die flächige Beschichtung von Substraten geeignet. Weiterhin ist die Menge an benötigter Präkursor-Lösung hoch, da ein Großteil entweder abgeschleudert bzw. daneben gesprüht wird oder im Tauchbad verbleibt. Eine Alternative stellt die Applikation mittels Inkjet-Druck (Tintenstrahldruck) dar. Dabei handelt es sich um ein selektives Verfahren, bei dem ebenfalls eine Präkursor-Lösung durch Düsen ausgestoßen und auf einem Substrat deponiert wird. Dieser Ausstoß findet schnell und nach einer digital vorgegebenen Struktur statt.

Nasschemische Beschichtungsverfahren beinhalten verschiedene Prozessschritte, ausgehend von der Herstellung von Präkursorlösungen bis hin zur thermischen oder photonischen Funktionalisierung der Dünnschichten. Für die Herstellung eines keramischen Multimaterialsystems sind diese Prozessschritte am Beispiel einer nitratbasierten LNO-Schicht schematisch in Bild 10 dargestellt. Für andere Funktionsschichten (z.B. PZT) werden andere Präkursoren eingesetzt. Nach der Herstellung einer Präkursorlösung, welche die Funktionselemente (hier Lanthan und Nickel) enthält, wird diese appliziert und in mehreren Schritten thermisch getrocknet, pyrolysiert und kristallisiert.

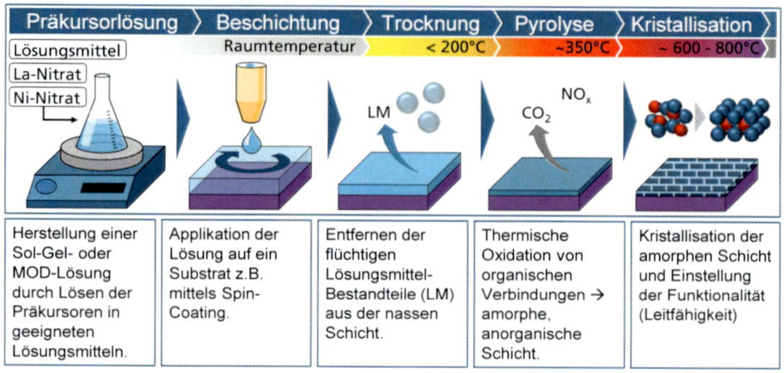

Bild 10: Schematische Darstellung der Prozessschritte bei der nasschemischen Herstellung dünner Funktionsschichten von der Herstellung über die Beschichtung des Substrats mit Präkursorlösung bis hin zur Kristallisation der Schicht.

Im Gegensatz zu physikalischen Abscheidemethoden für die Herstellung dünner Schichten (z.B. PVD) werden bei diesem Verfahren keine aufwendigen Vakuumprozesse benötigt. Außerdem können die Präkursorlösungen meist mit geringem Aufwand und aus günstigen Ausgangsmaterialien hergestellt werden. Abhängig vom eingesetzten Materialsystem wird die Kristallisation unter angepassten Gasatmosphären durchgeführt. Der Zusammenhang zwischen Gasatmosphäre und Kristallisation wird in Kapitel 2.4 beschrieben.

Die Herstellung von dünnen LNO-Schichten auf Basis von MOD- (Metal Organic Decomposition) oder Sol-Gel-Lösungen wird schon seit vielen Jahren eingesetzt. Dabei ist jedoch die Nomenklatur nicht eindeutig und häufig werden Sol-Gel- und MOD-Ansätze synonym verwendet. Der Sol-Gel-Ansatz geht dabei auf ein 1967 erteiltes Patent von M. P. Pechini zur nasschemischen Herstellung von titanat-basierten Kondensatoren zurück [57]. Bei Sol-Gel-Systemen spielt die Hydrolyse, also eine Reaktion der enthaltenen Präkursoren mit Wasser, eine entscheidende Rolle. Diese Hydrolyse initiiert die Polymerisation der Präkursoren zu sogenannten Solpartikeln, die bei zunehmender Vernetzung ein Gel bilden. Nach der Entfernung des Lösungsmittels aus dem Gel durch thermische Behandlung entsteht eine feste, anorganische Funktionsschicht (vgl. Bild 10). Schichten, die auf diese Weise hergestellt werden, zeichnen sich durch hohe Homogenität, Reinheit und Funktionalität aus. Allerdings sind die verwendeten Sol-Gel-Lösungen empfindlich gegenüber Wasser, daher nur begrenzt lagerfähig und teilweise aufwändig in der Handhabung. [58,59]

MOD-Systeme dagegen sind einfacher aufgebaut. Hier werden entsprechende Präkursoren in einem geeigneten Lösungsmittel gelöst, welches nach der Schichtapplikation verdampft wird, woraufhin nur die schwerflüchtigen Funktionselemente zurückbleiben. Nach der thermischen Entfernung aller organischer Komponenten in der Pyrolyse kann die zurückbleibende anorganische Schicht kristallisiert werden. Ob ein Sol-Gel- oder MOD-System eingesetzt wird, hängt meist von den Eigenschaften der eingesetzten Präkursoren und deren Kompatibilität mit geeigneten Lösungsmitteln ab. Bei der Herstellung von LNO-Schichten wird meistens der MOD-Ansatz gewählt. Diese Funktionstinten sind im Gegensatz zu Sol-Gel-System auch über längere Zeit stabil, da sie nicht zur Reaktion mit Wasser aus der Umgebungsluft neigen. Außerdem sind diese Funktionslösungen mit vielen anderen Lösungsmitteln (z.B. auch Wasser) kompatibel. Diese Eigenschaften sind beispielweise bei der Einstellung spezifischer rheologischer Eigenschaften relevant. Matavž et al. beschreiben ein Verfahren, in dem eine LNO-Funktionstinte entwickelt wird, welche mittels Tintenstrahldrucker appliziert werden kann [60,61]. Für dieses Applikationsverfahren muss die Funktionstinte bestimmte Werte für Viskosität (8 – 12 mPas) und Oberflächenspannung (28 – 32 mN/m) aufweisen.

2.4 Einflussfaktoren auf die Kristallisation von perowskitischen Dünnschichten

Da laserbasierte Funktionalisierungsprozesse meist auf kurzen Zeitskalen erfolgen, ist eine Kenntnis der Kristallisationskinetik und des Kristallwachstums in perowskitischen, oxidischen Dünnschichten für eine Verfahrensentwicklung entscheidend. Grundsätzlich können bei der Kristallisation zwei Vorgänge energetisch voneinander getrennt werden: die Keimbildung und das Kristallwachstum. Im ersten Schritt müssen aus der amorphen Phase kristalline Keime gebildet werden. Diese können anschließend wachsen und größere Kristalle bilden, bis die gesamte amorphe Schicht vollständig kristallin ist. Diese beiden Prozesse sind thermodynamisch komplex und für das bereits eingehend untersuchte PZT in mehreren Arbeiten beschrieben [62–65]. Im Folgenden werden einige Einflussfaktoren auf die Kristallisation dünner Perowskit-Schichten erläutert.

Wie in Kapitel 2.2 bereits beschrieben, werden die elektrische Leitfähigkeit und die optischen Eigenschaften von LNO unter anderem durch die Sauerstoffstöchiometrie beeinflusst. Ein Sauerstoffdefizit führt zu einer Reduktion der Leitfähigkeit. Daher erfolgt die konventionelle Kristallisation von nasschemisch appliziertem LNO mittels RTA üblicherweise in einer Sauerstoffatmosphäre [48,66]. Auch bei der Herstellung von dünnen LNO-Schichten mittels Magnetron-Sputtern spielt die Zusammensetzung der Gasatmosphäre eine wichtige Rolle. Der Sauerstoffpartialdruck wirkt sich dabei direkt auf die Leitfähigkeit und die optischen Eigenschaften der kristallinen Schichten aus [53,67]., wie auch in Kapitel 5.2 und Kapitel 6.5 dargestellt wird

Die Kristallisation von PZT wird konventionell unter Sauerstoffatmosphäre durchgeführt, um eine (100)-Orientierung der kristallinen Schicht zu erzielen. Unter Stickstoffatmosphäre kristallisieren dünne PZT-Schichten bevorzugt in einer (111)-Orientierung [68,69]. Durch einen geringeren Sauerstoffpartialdruck bei der Kristallisation und damit reduzierenden Bedingungen wird die Bildung einer intermetallischen Bleiplatinphase (Pt_3Pb) an der Grenze zwischen Platinsubstrat und amorpher PZT-Schicht begünstigt. Diese wiederum begünstigt im weiteren Verlauf des Kristallisationsprozesses eine (111)-Orientierung der PZT-Schicht [70].

Auch durch die Schichtdicke von nasschemisch applizierten PZT-Schichten auf Pt-Substraten werden Eigenschaften wie Mikrospannungen, Kristallitgröße und Kristallorientierung beeinflusst, wie von Araujo et al. 2014 gezeigt [71]. Als Begründung werden mechanische Spannungen genannt, welche durch Unterschiede der Gitterkonstanten von Substrat (Pt) und Schicht (PZT) hervorgerufen werden. Bei LNO können ähnliche Zusammenhänge beobachtet werden. Hier wird neben der Kristallitgröße die bereits oben diskutierte Sauerstoffstöchiometrie als Grund für die Abhängigkeit der Schichteigenschaften von der Schichtdicke angeführt. Die Sauerstoffdiffusion in dickeren LNO-Schichten ist eingeschränkt. Dadurch entsteht in den Schichten ein Sauerstoffdefizit, welches die elektrische Leitfähigkeit senkt [72].

Weitere Einflussfaktoren auf die Kristallisation von PZT- oder LNO-Schichten sind die Eigenschaften des Substratmaterials. Abhängig davon können verschiedene Keimbildungs- und Wachstumsmechanismen auftreten, welche schematisch in Bild 11 dargestellt sind.

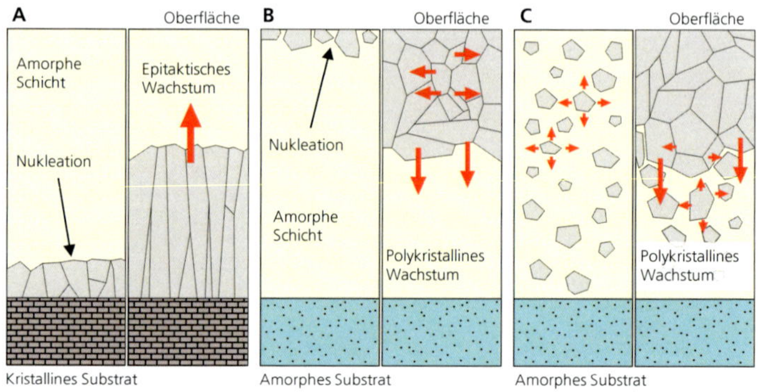

Bild 11: Schematische Darstellung des Kristallwachstums von perowskitischen Oxiden. A: Epitaktisches (=gerichtetes) Wachstum auf kristallinem Substrat; B: Polykristallines Wachstum mit Nukleation an der Oberfläche; C: Polykristallines Wachstum mit Nukleation im Volumen. Bild nach [73].

Als Substratmaterial für dünne PZT oder LNO-Schichten werden meist platinierte Silizium-Wafer verwendet. Platin eignet sich als Substratmaterial, da es mit 3,9 Å [74] eine ähnliche Gitterkonstante wie PZT (4,0 Å [75]) und LNO (3,8 Å [42]) aufweist. Bei der Kristallisation amorpher PZT- oder LNO-Schichten wird die Orientierung des Substrats übernommen und die Kristallite wachsen von der Substratoberfläche nach oben. Diese Form des Kristallwachstums wird als epitaktisches Wachstum bezeichnet (vgl. Bild 11 A) und genutzt, um kristallographische Vorzugsorientierungen in PZT- oder LNO-Schichten einzustellen und so die angestrebten physikalische Schichteigenschaften zu erhalten. Auf amorphen Substraten wie z.B. Quarzglas erfolgt die Keimbildung hingegen entweder an der Oberfläche der amorphen Schicht oder zufällig im Schichtvolumen verteilt. Dadurch stellt sich initial keine Vorzugsorientierung der Schichten ein, sondern die Kristallite sind wie in einem Pulver zufällig orientiert. Dieser Mechanismus wird als polykristallines Wachstum bezeichnet. [76]

Neben der Struktur des Substrats kann auch die Methode der thermischen Funktionalisierung das Kristallwachstum und damit die Kristallorientierung der Schichten beeinflussen. Bei einer homogenen Temperaturverteilung während der Kristallisation, wie sie bei einem konventionellen RTA- oder Mikrowellenverfahren [63] auftritt, wird die Kristallorientierung maßgeblich durch die Struktur des Substrates bestimmt. Bei photonischen Funktionalisierungsverfahren, bei denen UV-Laser [73] oder Blitzlampen [77] eingesetzt werden, kann über die Schichtdicke ein Temperaturgradient entstehen. Dieser kann die Wachstumsrichtung der Kristallite und damit die Kristallorientierung der Schichten ebenfalls beeinflussen.

2.5 Laserverfahren zur Funktionalisierung nasschemisch applizierter Dünnschichten

Die Funktionalisierung von Dünnschichten (Applikation mittels CVD oder PVD) mittels Laserstrahlung wird industriell bereits in der Halbleiterindustrie eingesetzt, um beispielsweise kristalline Si-Schichten herzustellen [78]. Durch die kurzen Prozesszeiten und das räumliche Auflösungsvermögen laserbasierter Ansätze im Bereich der Dünnschichtverfahren werden auch andere Bereiche wie beispielweise „Structural Health Monitoring", „Energy Harvesting" und „Wearable Electronics" erforscht und erschlossen.

Ein Ansatz für die Metallisierung von Substraten mit einer Kupfer-Nickel-Legierung (CuNi) aus einer MOD-Lösung wurde 2022 von Fink et al. vorgestellt. Die Anwendung ist dabei die Herstellung von Dehnungssensoren (Dehnmessstreifen - DMS), deren Messverhalten nicht von der Temperatur abhängt. Die Umwandlung der in der MOD-Lösung gelösten Kupfer- und Nickel-Ionen in eine metallische Schicht erfolgt mittels CO_2-Laserstrahlung. Dabei wird thermisch eine Reduktionsreaktion zwischen Metall-Ionen und dem enthaltenen Komplexbildner Ethanolamin induziert. In Bild 12 sind die optischen Eigenschaften der getrockneten und metallisierten Schichten sowie die Leitfähigkeit der Schichten in Abhängigkeit der eingestrahlten Flächenenergie dargestellt. Durch die Verwendung von Laserstrahlung für die Funktionalisierung kann die Prozesszeit auf wenige Sekunden verkürzt, die thermische Belastung des Substrats reduziert und die Oxidation der metallisierten Dünnschichten unterbunden werden. [79]

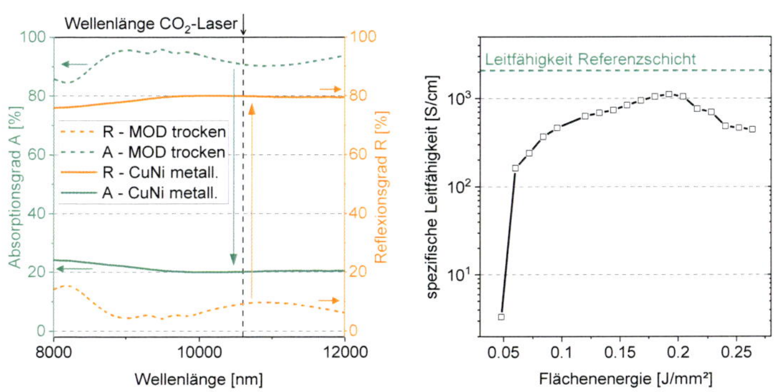

Bild 12: Links: Optische Eigenschaften einer, mittels MOD hergestellten CuNi-Schicht im trockenen und im metallisierten Zustand. Rechts: Leitfähigkeit einer mittels CO_2-Laserstrahlung metallisierten CuNi-Schicht. Die Referenzschicht wird mittels Heizelement funktionalisiert. Daten aus [79].

Auch die lasergestützte Herstellung von dünnen PZT-Schichten wird seit vielen Jahren intensiv untersucht. Durch den Einsatz von Laserstrahlung kann die notwendige Energie zur Kristallisation schnell und dediziert zugeführt werden, ohne das Substrat oder umliegende Bauelemente thermisch zu überlasten und zu schädigen. Dadurch sollen oxidische Funktionsschichten in der Zukunft auch auf temperaturempfindlichen Substraten wie Polymerfolien aufgebracht werden können.

Bei der laserbasierten Funktionalisierung von PZT-Schichten mittels Laserstrahlung werden amorphe PZT-Schichten mittels physikalischer oder chemischer

Abscheideverfahren auf Substrate aufgebracht und so vorbehandelt, dass keine organischen Bestandteile mehr enthalten sind, z.B. durch eine thermische Pyrolyse. Anschließend erfolgt die Laserbearbeitung. In Bild 13 sind verschiedene Ansätze der laserbasierten Kristallisation von PZT zusammengefasst und nach Schichtdicke bzw. remanenter Polarisation der kristallinen Schichten sortiert.

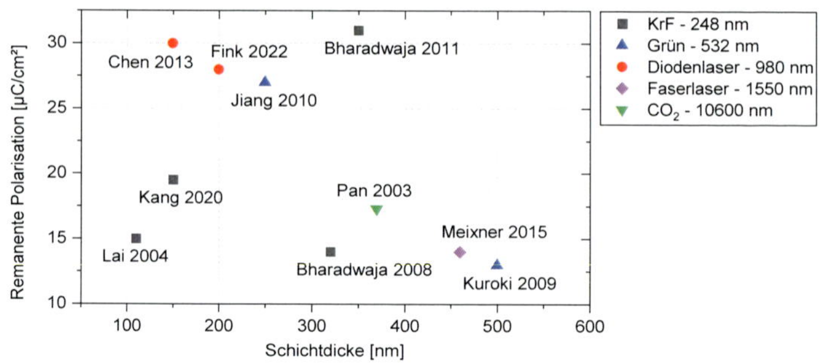

Bild 13: Einordnung laserbasierter Kristallisation von PZT nach den Daten von Chen et al. [80], Bharadwaja et al. [81,82], Jiang et al. [83], Kuroki et al. [84], Lai et al. [85], Meixner [68], Pan et al. [86], Fink et al. [87].

Die Applikation der amorphen Schichten erfolgt entweder mittels Hochfrequenzsputtern [64,81,82,85] oder mittels CSD [68,80,83,84,86,87]. Die eingesetzten Strahlquellen reichen dabei von kurzwelligen UV-Lasern (248 nm) bis hin zu CO_2-Lasern (10600 nm), die Schichtdicken liegen zwischen 100 und 500 nm. Die Kristallisation kann entweder mittels gepulster Laserstrahlung (KrF- oder CO_2-Laser) oder kontinuierlicher Laserstrahlung (Dioden- oder Faser-Laser) erfolgen. Aufgrund der unterschiedlichen Schichtdicken, Unterschiede in der Messung der Polarisationswerte und der Verwendung verschiedener Substrate und stöchiometrischer Zusammensetzungen von PZT kann keine Bewertung der erreichten remanenten Polarisationen und damit der Schichtqualität erfolgen. Die Zusammenfassung zeigt, dass die erfolgreiche Kristallisation von PZT mittels Laserstrahlung schon mehrfach untersucht wurde und nicht auf eine bestimmte Laserwellenlänge beschränkt ist.

Die laserbasierte Kristallisation von LNO ist dagegen noch wenig untersucht. Die ersten Publikationen dazu stammen aus den letzten 6 Jahren. Kang et al. haben 2020 eine anteilige Kristallisation von gesputterten LNO-Schichten auf einer Polymerfolie mit einem Excimer-Laser gezeigt. Durch die geringe Eindringtiefe von UV-Laserstrahlung in die LNO-Schicht wird jedoch nur eine oberflächliche Kristallisation des LNO erreicht. Diese Schichten reichen jedoch aus, um als Seed-Schicht für eine PZT-Schicht zu dienen. Diese PZT-Schicht wird ebenfalls mit einem Excimer-Laser kristallisiert. Die erreichten Eigenschaften dieser PZT-Schichten sind in Bild 13 dargestellt. Kang et al. gehen von einer thermisch induzierten Kristallisation der Schichten aus und benennen das Verfahren dementsprechend LLC-Verfahren (laser-induced liquid-phase crystallization). [64]

Queraltó et al. beschreiben 2016 die laserbasierte Kristallisation von nasschemisch abgeschiedenen LNO-Schichten mit einem frequenzvervierfachten Nd:YAG-Laser (266 nm) bei einer Pulsdauer von 3 ns und einer maximalen Pulsfrequenz von 10 Hz. Für die Kristallisation der dünnen LNO-Schichten werden

20.000 Pulse benötigt bei einer Vorheiztemperatur des Substrates von 400 °C. Dabei können epitaktische Wachstumsraten von LNO auf STO-Substraten ($SrTiO_3$) von $7{,}5 \cdot 10^4$ nm/s abgeleitet werden. Als Beschränkung für die Kristallisationsgeschwindigkeit werden vor allem Diffusionsvorgänge genannt. Die erreichte Leitfähigkeit der laserkristallisierten Schichten wird mit $0{,}37 \cdot 10^3$ S/cm angegeben. Die Dicke der kristallisierten Schichten beträgt 25 nm. Queraltó et al. unterscheiden in ihrer Arbeit zwischen der thermisch induzierten Kristallisation und der photonischen Kristallisation. Im ersten Fall führt die thermische Energie zur Überwindung der Aktivierungsenergie für die Kristallisation. Bei der photonischen Kristallisation liegt die Energie der Photonen, bei 266 nm entspricht diese 4,7 eV, im Bereich der Bindungsenergien der Metall-Sauerstoffbindungen. Dadurch können diese Bindungen direkt photonisch aufgebrochen und die Kristallisation so induziert werden. [66]

Park et al. beschreiben 2019 die photonische Kristallisation von nasschemisch applizierten LNO-Schichten mit einer Xenon-Blitzlampe und vergleichen die Schichteigenschaften mit denen einer thermisch kristallisierten (Ofen) LNO-Schicht. Die Energiedichte der eingesetzten Blitzlampe beträgt dabei zwischen 60 und 130 J/cm² bei einer konstanten Pulslänge von 30 ms. Die Pause zwischen den Pulsen beträgt 80 ms bei einer Gesamtbelichtungszeit von 580 ms. Die Proben werden auf einer Heizelementauf 500 °C vorgeheizt und während der Belichtung bei dieser Temperatur gehalten. Parker et al. erreichen mit diesem Ansatz Leitfähigkeiten von $0{,}93 \cdot 10^3$ S/cm. Nach den dargestellten rasterelektronenmikroskopischen Aufnahmen weisen die photonisch kristallisierten Schichten feinere Körner als die thermisch kristallisierten Schichten auf, dieser Einfluss wird jedoch nicht quantifiziert. [77]

3 Defizite im derzeitigen Stand der Technik, Zielsetzung und Vorgehensweise

3.1 Defizite im Stand der Technik

Im Folgenden werden die Defizite im derzeitigen Stand der Technik (vgl. Kapitel 2) zusammengefasst.

- Zur Herstellung von LNO-Schichten mittels CSD sind bereits verschiedene Rezepturen für geeignete Funktionstinten publiziert. Allerdings weisen diese häufig eine niedrige Konzentration der Funktionselemente auf, wodurch nur geringe Schichtdicken erzielt werden können bzw. der Beschichtungsprozess mehrfach wiederholt werden muss, um relevante Schichtdicken aufzubauen. Außerdem greifen die meisten Rezepte auf die Lösungsmittel 2-Methoxyethanol oder 2-Ethoxyethanol zurück. Aufgrund ihrer krebserregenden Wirkung werden diese Lösungsmittel in industriellen Anwendungen schon seit Jahrzehnten durch weniger schädliche Lösungsmittel ersetzt. Bisher sind keine Arbeiten bekannt, die sich mit dem Zusammenhang zwischen Kristallisationszeit und Zusammensetzung der verwendeten Funktionstinten auseinandersetzen.

- Für die Entwicklung eines laserbasierten Verfahrens zur Kristallisation dünner LNO-Schichten müssen die Einflussfaktoren (wie Temperatur, Atmosphäre, Schichtdicke usw.) auf die Kristallisation untersucht werden. Der derzeitige Stand der Technik liefert einen umfassenden Überblick über die möglichen Phasen und die Temperaturbereiche, in welchen diese stabil sind. Der Einfluss dieser Faktoren auf die Kristallisationszeit bzw. -geschwindigkeit ist bisher allerdings noch kaum untersucht worden.

- $LaNiO_3$ sowie daraus abgeleitete Kristallographische Phasen sind hinsichtlich ihrer optischen Eigenschaften seit einigen Jahren Gegenstand der Forschung. Allerdings weichen die Ergebnisse unterschiedlicher Autoren deutlich voneinander ab. Der Grund liegt in der Vielzahl an Einflussfaktoren auf die Kristallisation, wodurch die untersuchten Schichten hinsichtlich ihrer Eigenschaften voneinander abweichen können. Weiterhin erfolgt die Bestimmung der veröffentlichten optischen Eigenschaften bei Raumtemperatur. Für die Entwicklung eines laserbasierten Verfahrens ist jedoch auch die Änderung der optischen Eigenschaften in Abhängigkeit der Temperatur und der Zeit relevant.

- Die laserbasierte Kristallisation dünner LNO-Schichten ist bisher in nur wenigen Arbeiten beschrieben. Dabei wird ausschließlich kurzwellige Laserstrahlung (248 nm bzw. 266 nm) verwendet und Leitfähigkeiten von $0{,}10 \cdot 10^3$ S/cm bzw. $0{,}37 \cdot 10^3$ S/cm erreicht. Außerdem müssen die Schichten auf mindestens 400 °C vorgeheizt werden, um diese Werte zu erreichen. Neben der geringen elektrischen Leitfähigkeit weisen diese Schichten auch eine geringe Dicke von < 30 nm auf. Daher eignen sie sich primär als

Keim-Schicht für darauf abgeschiedene Funktionskeramiken (z.B. PZT). Um LNO auch als elektrisch leitende Elektrode verwenden zu können, muss das Verfahren so angepasst werden, dass dickere Schichten (≥100 nm) mit hohen Leitfähigkeiten (≥100 S/cm) ohne Vorheizung des Substrats hergestellt werden können. Dafür sind andere Laserstrahlquellen notwendig, welche jedoch bisher nicht untersucht wurden.

3.2 Zielsetzung und Vorgehensweise

Die Motivation dieser Arbeit besteht darin, die Material- und Verfahrensentwicklung für die Herstellung dünner LNO-Schichten voranzutreiben, um die in Kapitel 2.1 erläuterten Anwendung zu erschließen und eine technische Umsetzung zu ermöglichen. Diese Arbeit kann nur einen Beitrag zu dieser Entwicklung leisten und ist in den in Bild 14 dargestellten Entwicklungsprozess eingebettet. Der derzeitige Stand der Technik liefert eine detaillierte Beschreibung der Materialeigenschaften sowie erste Ansätze für die additive Herstellung dünner LNO-Schichten. An diese Arbeit anschließende Entwicklungen könnten sich mit der anwendungsorientierten Weiterentwicklung der Funktionstinte sowie der Entwicklung von geeigneter Anlagentechnik beschäftigen.

Bild 14: Einbettung dieser Arbeit in den Entwicklungsprozess für die technologische Erschließung von nasschemisch applizierten LNO-Dünnschichten.

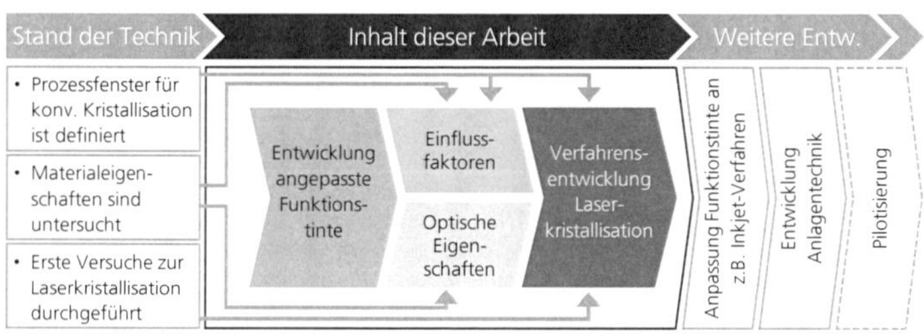

Aus den oben zusammengefassten Defiziten im derzeitigen Stand der Technik leiten sich die Ziele dieser Arbeit ab. Das übergeordnete Ziel liegt in der Entwicklung eines additiven Verfahrens, welches die Herstellung von elektrisch leitfähigen LNO-Schichten mittels nasschemischem Applikationsverfahren und laserbasierter Kristallisation erlaubt. Die Arbeit setzt sich dabei aus drei Teilaspekten zusammen:

1. Im ersten Schritt erfolgt die Entwicklung einer LNO-Funktionstinte, welche an die Bedingungen, die in einem laserbasierten Prozess auftreten, angepasst ist. Die Funktionstinte soll wasserbasiert sein und keine giftigen oder krebserregenden Lösungsmittel enthalten. Die Funktionstinte soll dabei eine Grundlage für weitere Entwicklungen bilden, in denen das Verfahren z.B. auf die Applikation der Dünnschichten mittels Inkjet-Druck angepasst wird.

2. Im zweiten Schritt erfolgt die Ermittlung der verschiedenen Einflussfaktoren auf die Kristallisation dünner LNO-Schichten vor dem Hintergrund einer laserbasierten Bearbeitung. Ein Schwerpunkt wird dabei auf die Kristallisationsgeschwindigkeit und die für das Laserverfahren relevanten

Einflussgrößen (Temperatur, Zeit, Atmosphäre usw.) gelegt. In diesem Zusammenhang erfolgt auch die Untersuchung der optischen Eigenschaften dünner LNO-Schichten in Abhängigkeit der Temperatur und der Kristallisationsgeschwindigkeit.

3. Im dritten Schritt erfolgt die Entwicklung eines laserbasierten Kristallisationsverfahrens für dünne LNO-Schichten. Neben der geeigneten Laserwellenlänge wird der Einfluss verschiedener Verfahrensparameter auf die elektrische Leitfähigkeit und die entstehenden kristallographischen Phasen untersucht. Weiterhin werden die Untersuchungen aus dem ersten Schritt (Entwicklung Funktionstinte) aufgegriffen und der Einfluss der verwendeten Funktionstinte auf die erreichten elektrischen Leitfähigkeiten untersucht.

Das angestrebte Verfahren ist schematisch in Bild 15 dargestellt. Der Laserstrahl wird entlang eines Scanvektors über eine Probe geführt. Diese besteht aus einem Substrat (z.B. Quarzglas) und einer nasschemisch applizierten, amorphen LNO-Schicht. Die Temperatur in der Schicht entsteht durch Absorption der Laserstrahlung in Schicht und Substrat.

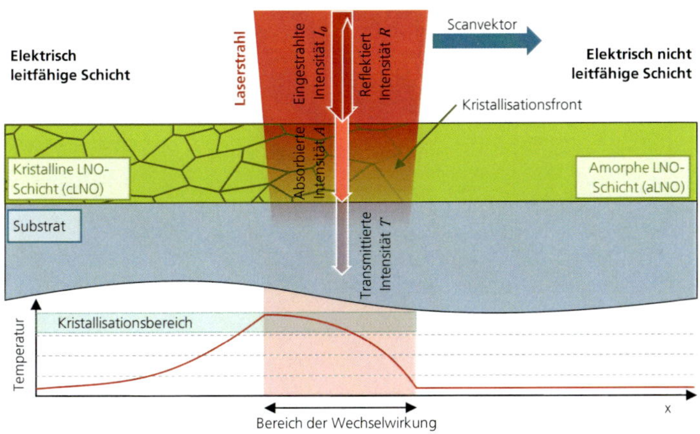

Bild 15: Schematische Darstellung der laserbasierten Kristallisation dünner LNO-Schichten. Unten im Bild ist ebenfalls schematisch der Temperaturverlauf entlang eines Scanvektors dargestellt. Die Kristallisation läuft in einem Bereich ab, der im Bild mit „Kristallisationsbereich" bezeichnet ist.

Gelingt es im Rahmen dieser Arbeit, eine angepasste Funktionstinte und einen laserbasierten Kristallisationsprozess zu entwickeln, stellt diese Technologie einen wettbewerbsfähigen Ansatz für die Herstellung mesoskopischer Systeme dar. Durch die nasschemische Applikation dünner LNO-Schichten können nicht die gleichen Auflösungen wie bei herkömmlichen, maskenbasierten Verfahren aus der Mikroelektronik erreicht werden. Bauteilgrößen im Millimeter-Bereich sind jedoch voraussichtlich gut umsetzbar, was für viele Anwendungen z. B. im Bereich der Hochfrequenztechnik von Interesse ist. Kann außerdem im Zuge dieser Arbeit eine Kristallisation der Schichten auf kurzen Zeitskalen realisiert werden, eröffnet das Verfahren auch die Möglichkeit der Herstellung von additiv gefertigten Schichtsystemen auf temperaturempfindlichen Substraten.

Dadurch würde eine kontinuierliche Produktion von keramischen Mehrschichtsystemen auf Polymerfolien oder dünnen Glas-Substraten beispielsweise in einer Rolle-zu-Rolle Anlage ermöglicht. Damit könnten MEMS für verschiedene Anwendungen, z.B. als Mikrolautsprecher in mobilen Endgeräten, kosteneffizient und ressourcenschonend produziert werden.

Die Vorgehensweise, um die oben genannten Ziele im Rahmen dieser Arbeit zu erreichen, ist in Bild 16 dargestellt. Nach der Vorstellung der Verfahrensgrundlagen in Kapitel 4 erfolgt die Entwicklung und Charakterisierung von wasserbasierten Funktionstinten für die Herstellung nasschemisch applizierter LNO-Schichten. Anschließend werden in Kapitel 6 die für die laserbasierte Kristallisation von dünnen LNO-Schichten relevanten Einflussfaktoren untersucht. In Kapitel 7 werden die optischen Eigenschaften für amorphe und kristalline LNO-Schichten untersucht. Die Messungen erfolgen sowohl bei Raumtemperatur als auch in Abhängigkeit der Temperatur. Die Ergebnisse der Untersuchungen bilden die Grundlage für die Entwicklung eines laserbasierten Verfahrens zur Kristallisation dünner LNO-Schichten in Kapitel 8.

Bild 16: Ablaufdiagramm und übergeordnete Forschungsaufgaben für die Entwicklung eines laserbasierten Verfahrens zur Kristallisation von dünnen, nasschemisch applizierten LNO-Schichten.

Optische T.-Messung = optische Temperaturmessung mittels Pyrometrie.

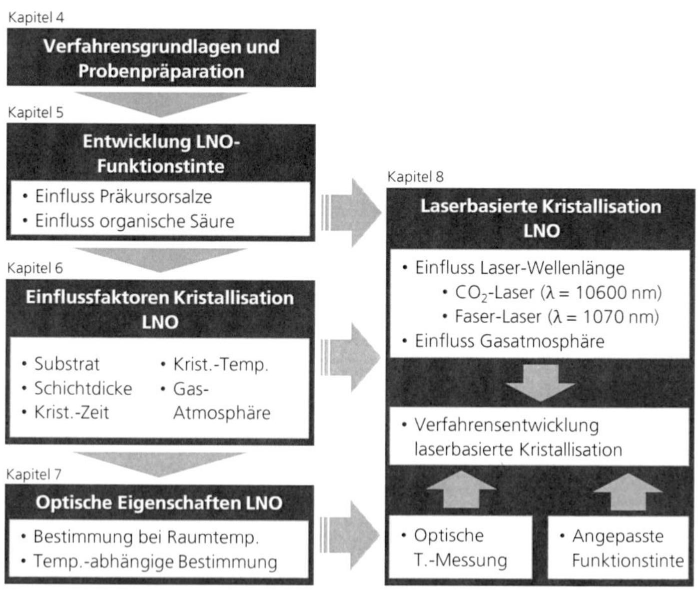

4 Verfahrensgrundlagen und Probenpräparation von LNO-Schichten

In Kapitel 4.1 wird das Verfahren zur thermischen Funktionalisierung sowie dessen Grundlagen vorgestellt. In Kapitel 4.2 wird die Präparation der in dieser Arbeit verwendeten Proben erläutert und Herausforderungen diskutiert. Diese Grundlagen und Präparationsmethoden sind für alle folgenden Ergebnis-Kapitel relevant, Änderungen oder Abweichungen sind in den jeweiligen Kapiteln aufgeführt.

4.1 Verfahrensgrundlagen und Grundlagen der thermischen Funktionalisierung

Die Herstellung von dünnen, elektrisch leitfähigen LNO-Schichten, die mittels CSD appliziert werden, beinhaltet üblicherweise drei thermische Prozessschritte. Diese umfassen die Trocknung, die Pyrolyse und die Kristallisation der Schichten. Für die Entwicklung eines laserbasierten Verfahrens zur thermischen Behandlung von dünnen LNO-Schichten ist ein grundlegendes Verständnis der dabei ablaufenden Reaktionen erforderlich. Die drei Prozessschritte sind schematisch in Bild 17 dargestellt. Die Trocknung erfolgt, abhängig von den verwendeten Lösungsmitteln, bei Temperaturen zwischen 20 und ca. 200 °C. Dabei werden die Lösungsmittel verdampft und eine trockene Schicht aus den verwendeten Präkursorsalzen verbleibt auf dem Substrat. Während der Trocknung laufen keine chemischen Reaktionen ab. Anschließend erfolgt die Pyrolyse bei einer Temperatur von ca. 350 °C. Bei diesen Temperaturen zerfallen die verwendeten Präkursorsalze unter Freisetzung von flüchtigen Kohlenstoff- oder Stickstoffverbindungen CO_2 oder NO_x, abhängig von den verwendeten Präkursorsalzen. In diesem Schritt kann bereits die Oxidation der anorganischen Funktionselemente Lanthan und Nickel ablaufen. Die anschließende Kristallisation einer $LaNiO_3$-Phase erfolgt zwischen 600 °C und 800 °C. Dabei ordnen sich die Elemente durch Diffusionsprozesse neu an und bilden ein geordnetes Netzwerk. Dabei kommt es zum Austausch von Sauerstoff mit der umgebenden Gasatmosphäre. Um Sauerstoff-Fehlstellen im kristallinen $LaNiO_{3-x}$ zu reduzieren, wird die Kristallisation häufig in reiner Sauerstoffatmosphäre durchgeführt, wodurch die Leitfähigkeit der Schichten erhöht werden kann [53]. Die Temperaturen können zwischen verschiedenen Veröffentlichungen voneinander abweichen, bewegen sich jedoch alle in einem ähnlichen Rahmen (vgl. Tabelle 2).

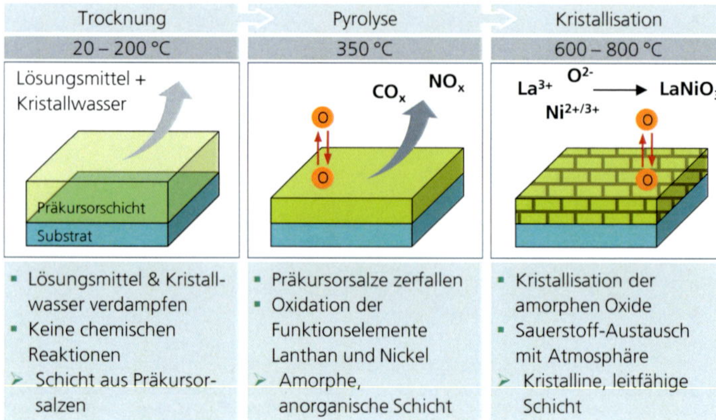

Bild 17: Schematische Darstellung der modellhaften Vorstellung der drei relevanten thermischen Prozessschritte bei der Kristallisation von dünnen LNO-Schichten, die mittels CSD-Verfahren aus einer MOD-Lösung appliziert werden. Abgeleitet aus [88].

In den bekannten Veröffentlichungen zu diesem Thema (vgl. Tabelle 2) wird kein direkter Zusammenhang zwischen den Prozessen und Bedingungen während der Pyrolyse und der anschließenden Kristallisation der Schichten hergestellt. Für die konventionelle Kristallisation mittels RTA ist diese Annahme auch durchaus angemessen. Die angesetzten Kristallisationszeiten liegen hier zwischen einigen Minuten bis zu mehreren Stunden. Bei der Kristallisation mittels Laserstrahlung, die auf erheblich kleineren Zeitskalen stattfindet, kann dieser Zusammenhang jedoch eine Rolle spielen. Während der thermischen Funktionalisierung durchlaufen die verwendeten Präkursoren verschiedene Oxidationsstufen, Bindungszustände und Kristallographische Phasen. Da die, während Pyrolyse und Kristallisation ablaufenden, Prozesse komplex sein können, werden zunächst Ergebnisse von thermogravimetrischen Analysen (TGA) der möglichen Präkursor-Salze Nickel- und Lanthan-Nitrat betrachtet. Wie in Kapitel 5.1 beschrieben sind die Nitrate vielversprechende Präkursorsalze für ein laserbasiertes Verfahren. Ergebnisse unterschiedlicher Autoren für TGA-Messungen in Luft bzw. Stickstoffatmosphäre sind in Bild 18 dargestellt. Für Lanthan-Nitrat sind die Messungen für bereits getrocknetes Lanthan-Nitrat dargestellt. Nach Gobichon et al. verliert Lanthan-Nitrat Hexahydrat sein gesamtes Kristallwasser bis zu einer Temperatur von 200 °C [89]. Wie in Bild 18 dargestellt durchläuft das trockene Lanthan-Nitrat anschließend verschiedene Zustände, bis sich ab 600 °C (N_2-Atmosphäre) bzw. 700 °C (Luft) La_2O_3 bildet [90]. Bei der in dieser Arbeit verwendeten Pyrolysetemperatur von 350 °C liegt das Lanthan-Nitrat noch weitgehend als $La(NO_3)_3$ vor. Abhängig von den Bedingungen bei der TGA-Messung (Gasstrom, Wassergehalt im Gasstrom und Heizrate) gehen andere Autoren auch von einer vollständigen Umwandung zu $LaONO_3$ bei 350 °C aus [89].

Bild 18: TGA-Messungen: Links: trocknenes Lanthan-Nitrat in Luft bzw. Stickstoffatmosphäre (Daten aus [90]); Rechts:Nickel-Nitrat Hexahydrat in Luft (Daten aus [91]) bzw. Stickstoffatmosphäre (Daten aus [92]). Die Indizierung der Summenformeln ist [92] entnommen.

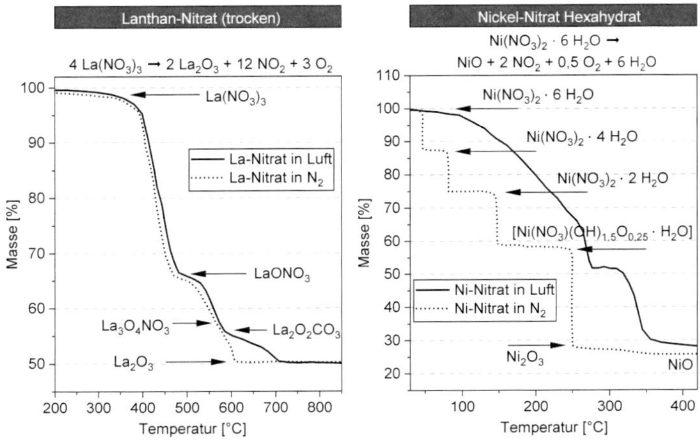

Nickel-Nitrat Hexahydrat reagiert bereits bei geringeren Temperaturen. Im Gegensatz zu Lanthan-Nitrat können Reaktionen zwischen Nickel-Nitrat und dem enthaltenen Kristallwasser stattfinden. Wie Lanthan-Nitrat, durchläuft auch Nickel-Nitrat verschiedene chemische Zustände in Abhängigkeit der Temperatur. Die Ergebnisse der TGA-Messungen unterscheiden sich hier deutlich für die unterschiedlichen Gasatmosphären. Dieser Unterschied wird jedoch auf unterschiedliche Prozessbedingungen bei der Messung zurückgeführt. Brockner et al. beobachten eine Ni_2O_3-Phase, die bereits bei 250 °C entsteht [92]. Im Vergleich zum stabilen NiO bildet Ni_2O_3 ein schwarzes/dunkelbraunes Pulver, welches jedoch mittels Röntgendiffraktometrie nicht eindeutig charakterisiert werden kann. Die mögliche Entstehung dieser Phase wird in Kapitel 5.2 eingehend diskutiert. Bei der Pyrolysetemperatur von 350 °C bildet sich jedoch in beiden dargestellten Fällen NiO. Röntgendiffraktogramme aus den jeweiligen Veröffentlichungen (Lanthan-Nitrat [89]; Nickel-Nitrat [91]) weisen bei einer Temperatur von 350 °C jeweils charakteristische Reflexe der $La(NO_3)_3$- bzw. NiO-Phase auf. Die Nitrate bzw. Oxide liegen demnach als Kristalle vor.

4.2 Probenpräparation

Alle in diesem Kapitel verwendeten Funktionstinten werden mittels Spincoating auf Quarzglas-Substraten (Dicke: 2 mm) aufgeschleudert (3000 rpm für 60 s) und bei 150 °C für 10 Minuten auf einem Heizelement getrocknet. Anschließen erfolgt die Pyrolyse der Schichten bei 350 °C Schichttemperatur in verschiedenen Atmosphären ebenfalls auf einem Heizelement (HE). Dieses ist in eine Prozesskammer integriert, die bei Bedarf geschlossen werden kann. Dadurch kann die Kristallisation in unterschiedlichen Gasatmosphären und Drücken untersucht werden. Eine Thermokamera wird integriert, um die Temperatur an der Oberfläche der Substrate und damit die Schichttemperatur zu messen. Der Aufbau ist in Bild 19 dargestellt. Die Thermokamera kann nur bei Versuchen verwendet werden, welche unter Raumluft ohne Schutzfenster durchgeführt werden.

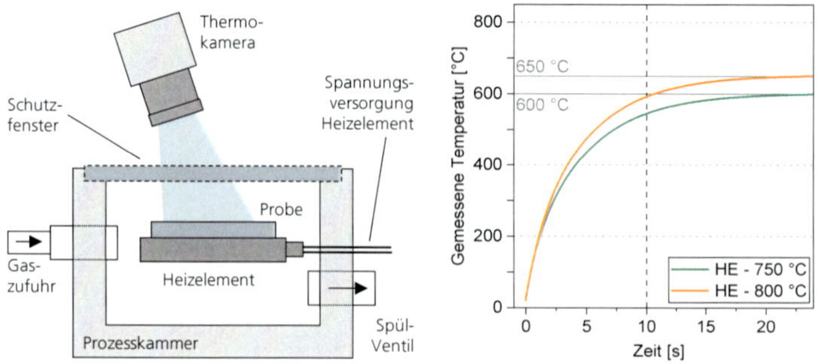

Bild 19: Links: Schematische Darstellung des Aufbaus zur Kristallisation dünner LNO-Schichten mittels Heizelement (HE); Rechts: Temperaturmessung der Oberfläche eines Quarzglas-Substrates mittels Thermokamera bei verschiedenen Temperaturen des HE in Abhängigkeit der Zeit.

Um die Thermokamera zu kalibrieren, wird ein unbeschichtetes Quarzglas-Substrat verwendet. Für die Ermittlung der Oberflächentemperatur des Quarzglas-Substrates wird ein Kontakt-Thermometer eingesetzt. Der Emissionsgrad der unbeschichteten Quarzglas-Substrate wird für die Messwellenlänge der Kamera (8 - 10 µm) mit 0,96 ermittelt. In Bild 19 rechts ist der Temperaturverlauf auf der Oberfläche eines Quarzglas-Substrates gezeigt, welches auf das bereits aufgeheizte Heizelement gelegt wird. Durch die geringe Wärmeleitfähigkeit der Quarzglas-Substrate (~ 1,38 W/mK bei Raumtemperatur [93]) steigt die Temperatur auf deren Oberfläche langsam an und erreicht den eingestellten Wert des Heizelements (750 °C bzw. 800 °C) auch nach 30 s nicht. Die Temperaturen auf der Oberfläche der Quarzglas-Substrate erreichen lediglich Temperaturen von 600 °C bzw. 650 °C. Um die Zeitabhängigkeit des Kristallisationsprozesses zu untersuchen, wird daher die Zeitmessung in den folgenden Versuchen erst nach 10 s gestartet. Nach dieser Zeit erreicht die Temperatur der Substrat-Oberfläche ca. 90 % der Maximaltemperatur (in °C). Da die Temperatur anschließend weiter steigt, ist die Temperaturangabe in den folgenden Versuchen mit einem Fehler behaftet. Die abgeleiteten Kristallisationsgeschwindigkeiten können also nur innerhalb der Versuche in dieser Arbeit verglichen werden. Da die eingestellte Temperatur des Heizelements und die Schichttemperatur voneinander abweichen, werden in dieser Arbeit die Schichttemperaturen angegeben, wenn nicht explizit anders beschrieben. Die Messung erfolgt entweder über optische Verfahren (Thermokamera oder Pyrometrie) oder durch einen Temperaturfühler, der die Oberfläche der Proben kontaktiert.

Die thermisch behandelten Schichten werden mittels Röntgendiffraktometrie analysiert. Um eine Referenz-Diffraktogramm zu erzeugen wird eine LNO-Funktionstinte aus Lanthan- und Nickel-Nitrat verwendet. Die genaue Zusammensetzung der Funktionstinte ist in Bild 28 links (Kapitel 5.2) dargestellt. Die Schichten werden bei 3000 rpm mittels Spincoating auf Quarzglas-Substrate aufgeschleudert und bei 150 °C Substratoberflächentemperatur für 10 Minuten getrocknet. Anschließend erfolgt die Pyrolyse bei 350 °C für 5 Minuten in Raumluft. Dieser Ablauf wird dreimal wiederholt, um Schichtdicken des amorphen LNO von 200 ± 15 nm zu erhalten. Die Schichtdicken werden mittels Röntgenreflektometrie (XRR) mit einem Röntgendiffraktometer (Bruker, D8 Advance) bestimmt. Als Referenz wird eine Schicht bei 650 °C Substratoberflächentemperatur (Temperatur HE = 800 °C) für 10 Minuten in Raumluft kristallisiert. Die Röntgendiffraktogramme werden im streifenden Einfall (Gracing

Incident Diffraction - GID) unter einem Einfallswinkel von 1° gemessen (Bild 20). Bei der pyrolysierten Schicht ist lediglich ein breiter Reflex (18 – 25 °) zu erkennen, der jedoch durch das amorphe Quarzglas-Substrat (QG) hervorgerufen wird.

Bild 20: Röntgendiffraktogramme von zwei LNO-Schichten, die bei 350 °C bzw. 650 °C thermisch funktionalisiert sind. Die pyrolysierte Schicht (350 °C) weist keine charakteristischen Reflexe auf.

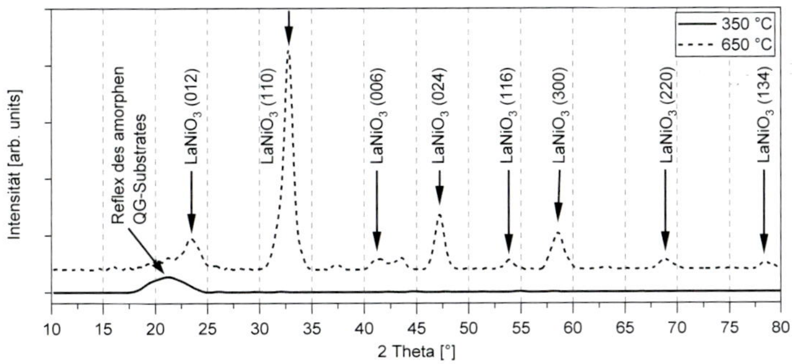

Die pyrolysierten Schichten weisen im Röntgendiffraktogramm keine charakteristischen Reflexe einer NiO- oder $La(NO_3)_3$-Phase auf. Diese Beobachtung belegt, dass sich durch die Mischung der Funktionselemente und deren Verbindungen in der pyrolysierten Schicht keine Kristallstruktur ausbilden kann und ein amorphes Netzwerk verschiedener Oxide und Nitrate vorliegt. Die Bildung solcher amorpher Netzwerke aus Metall-Oxid-Metall-Verbindungen (M-O-M), welche sich bei der Kristallisation dann zu Kristalliten ordnen, sind beispielsweise auch bei der Herstellung dünner Rutil -Schichten (TiO_2) bekannt [88]. Unter der Annahme, dass die in Bild 18 dargestellten Redox-Reaktionen in dieser Form auch in der verwendeten Präkursorlösung ablaufen und beim Erhitzen bis zur Pyrolysetemperatur keine Reaktion der Funktionselemente miteinander auftritt, können Aussagen über den Zustand der Schichten nach der Pyrolyse abgeleitet werden. Diese Aussagen sind in Bild 21 zusammengefasst.

Bild 21: Zusammenfassung des Zustandes von mittels CSD hergestellten LNO-Schichten nach der Pyrolyse bei 350 °C.

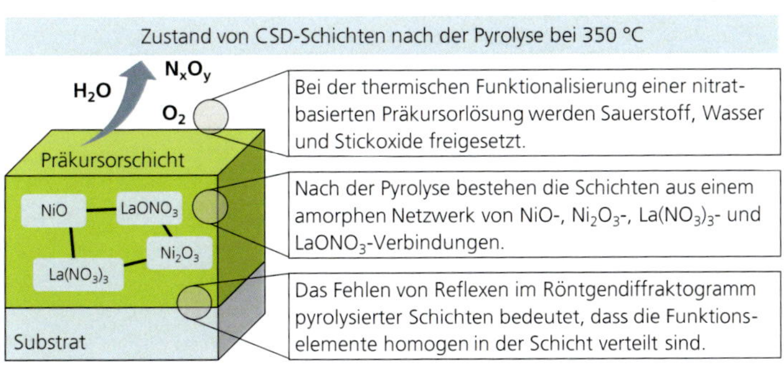

Die chemischen Reaktionen, die bei der Pyrolyse ablaufen und die daraus hervorgehenden Verbindungen, können einen Einfluss auf das Kristallisationsverhalten von LNO-Schichten haben. Bei der angestrebten, schnellen Kristallisation mittels Laserstrahlung ist ein grundlegendes Verständnis des Zustandes der Schichten bei unterschiedlichen Temperaturen ausschlaggebend. Um die Bildung von thermodynamisch stabilen Verbindungen, wie beispielsweise NiO, zu vermeiden, kann die Präkursorlösung oder die, bei der thermischen Funktionalisierung vorliegende, Gasatmosphäre angepasst werden. Diese Ansätze werden in den folgenden Kapiteln behandelt.

5 Entwicklung einer LNO-Funktionstinte

Für die Herstellung dünner LNO-Schichten aus einem MOD-System ist bereits eine Vielzahl von Ansätzen veröffentlicht, welche sich hinsichtlich der chemischen Zusammensetzung der verwendeten Funktionstinten unterscheiden. Einige ausgewählte MOD-Systeme sind in Tabelle 2 (Kapitel 2.2) zusammengefasst. Der aktuelle Stand der Technik lässt jedoch keine Rückschlüsse darauf zu, welche der veröffentlichten Ansätze für die Anwendung mit einem laserbasierten Kristallisationsverfahren geeignet ist. Die Entwicklung einer LNO-Funktionstinte erfolgt vor dem Hintergrund, dass die untersuchten Ansätze in weiterführenden Untersuchungen zu einer Funktionstinte weiterentwickelt werden, welche in einem inkjet-basierten Druckverfahren appliziert werden kann, und für einen kommerziellen Einsatz geeignet ist. Die in dieser Arbeit entwickelten Funktionstinten müssen die folgenden Anforderungen erfüllen:

- Die Funktionstinten müssen die Funktionselemente Nickel und Lanthan in einem molaren Verhältnis von 1:1 enthalten, um eine möglichst reine $LaNiO_3$-Phase zu bilden.
- Die verwendeten Präkursorsalze müssen in einem geeigneten Lösungsmittel (üblicherweise Wasser oder organische Säuren) vollständig löslich sein und über mehrere Wochen hinweg stabile Lösungen bilden. Dabei soll die Konzentration der Funktionselemente möglichst hoch sein. Dadurch lassen sich auch bei Einsatz geringer Mengen von Funktionstinte möglichst dicke Schichten abschneiden, wodurch eine hohe elektrische Leitfähigkeit erreicht werden kann.
- Auf giftige oder krebserregende Lösungsmittel soll verzichtet werden. Das häufig verwendete, jedoch krebserregende Lösungsmittel Methoxyethanol wird aus diesem Grund bewusst aus der Palette möglicher Lösungsmittel ausgeschlossen.
- Die Funktionstinten müssen mit Additiven mischbar sein, welche notwendig sind, um deren rheologischen Eigenschaften so einzustellen, dass sie in gängigen nasschemischen Beschichtungsverfahren verarbeitet werden können. Dabei müssen die Funktionstinten stabil bleiben, ohne z.B. Niederschlag von einzelnen Funktionskomponenten aus der Lösung aufzuweisen.
- Die aus den Funktionstinten hergestellten dünnen Schichten müssen für die Kristallisation mittels Laserstrahlung geeignet sein. Ein Indikator für die Eignung kann die Kristallisationsgeschwindigkeit sein, da in einem laserbasierten Kristallisationsverfahren bevorzugt kurze Wechselwirkungszeiten zwischen Laserstrahlung und Schicht erreicht werden.

Die Entwicklung und Charakterisierung der Funktionstinten erfolgt in zwei Schritten und ist in Bild 22 zusammengefasst. Im ersten Schritt erfolgt die Identifikation von geeigneten Präkursorsalzen. Untersucht werden die Nickel- und Lanthansalze der Essigsäure (Acetate) und der Salpetersäure (Nitrate). Im zweiten Schritt wird der Einfluss von reduzierenden Komponenten, in diesem Fall der Zitronensäure, auf die Kristallisationsdynamik sowie die physikalischen Eigenschaften der Schicht untersucht. Auf Basis der Ergebnisse aus diesem Kapitel werden Funktionstinten für die Verfahrensentwicklung identifiziert.

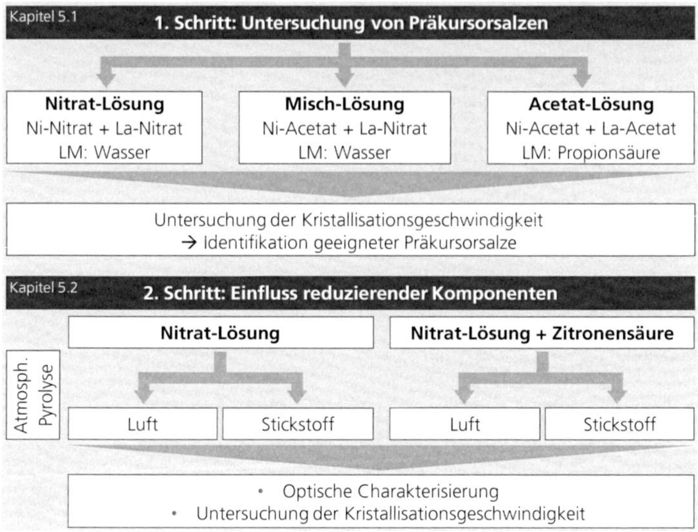

Bild 22: Schematische Darstellung der Inhalte des Kapitels. Im ersten Schritt erfolgt die Untersuchung unterschiedlicher Präkursorsalze zur Herstellung leitfähiger LNO-Schichten. Im zweiten Schritt wird der Einfluss von reduzierenden Komponenten in der Funktionstinte untersucht. Als reduzierende Komponenten wird die organische Säure Zitronensäure eingesetzt. LM: Lösungsmittel.

Das Ziel dieses Kapitels ist die Identifikation eines Systems aus Präkursorsalzen, Lösungsmitteln und Additiven, welches für eine laserbasierte Kristallisation geeignet ist und die oben genannten Anforderungen erfüllt.

Anmerkung: Einige der Ergebnisse in diesem Kapitel sind im Rahmen von studentischen Abschlussarbeiten am Fraunhofer Institut für Lasertechnik ILT und am Lehrstuhl für Technologie Optischer Systeme TOS der RWTH Aachen unter meiner Betreuung entstanden. Alexander Kitke 2021 „Entwicklung einer keramischen MOD (Metal-Organic-Decomposition)-Tinte für die laserbasierte Herstellung von dünnen Lanthan-Nickelat-Schichten" und Jupiter Daniel Guedea Ruiz 2023 „Development and characterization of an inkjet printable lanthanum nickel oxide ink for microelectronic applications"

5.1 Einfluss der Präkursorsalze auf das Kristallisationsverhalten von LNO

Die Präkursorsalze, die bei der Herstellung von dünnen LNO-Schichten am häufigsten verwendet werden, sind die Acetate ($CH_3OO^- M^+$) und Nitrate ($NO_3^- M^+$) der Funktionselemente (M) Nickel und Lanthan. Bisher sind keine Studien darüber bekannt, ob ein systematischer Zusammenhang zwischen den physikalischen Eigenschaften der Schichten (z.B. Leitfähigkeit) und den verwendeten Präkursorsalzen besteht. Unter geeigneten Bedingungen können mit allen Kombinationen Schichten mit hohen Leitfähigkeiten hergestellt werden. Bei kurzen Kristallisationszeiten, wie sie bei der laserbasierten Funktionalisierung auftreten können, könnten jedoch vor allem der Sauerstoffgehalt bzw. das Redoxpotential der Präkursorsalze einen Einfluss auf die Kristallisation haben. Bei der Verwendung der Nitrate kann der Nitrat-Rest (NO_3^-) als starkes Oxidationsmittel bzw. als Sauerstoffquelle wirken. Diese Eigenschaft wird beispielweise bei der Herstellung von Sprengstoffen (z.B. als Ammoniumnitrat) ausgenutzt. Der kohlenstoffreiche Acetat-Rest hingegen kann beim Erhitzen eine reduzierende Wirkung haben und Sauerstoff in Form von CO_2 binden. Um diesen Zusammenhang zu untersuchen, werden Funktionstinten mit unterschiedlichen Kombinationen der gängigen Präkursorsalze hergestellt und das Kristallisationsverhalten in Abhängigkeit der Kristallisationszeit untersucht. Da für die Kristallisation von $LaNiO_3$ die Oxidation der metallischen Kationen ausschlaggebend ist, könnte sich der Sauerstoffgehalt der Präkursorsalze auf den Kristallisationsprozess auswirken und diesen beschleunigen oder verlangsamen. Die verwendeten Präkursorsalze sowie deren elementare Zusammensetzung sind in Bild 23 dargestellt. Die Präkursorsalze der Essigsäure (Acetate) weisen einen hohen Anteil an Kohlenstoff und Wasserstoff auf. Die Präkursorsalze der Salpetersäure (Nitrate) hingegen enthalten Stickstoff und einen höheren Anteil an Sauerstoffatomen pro Kation.

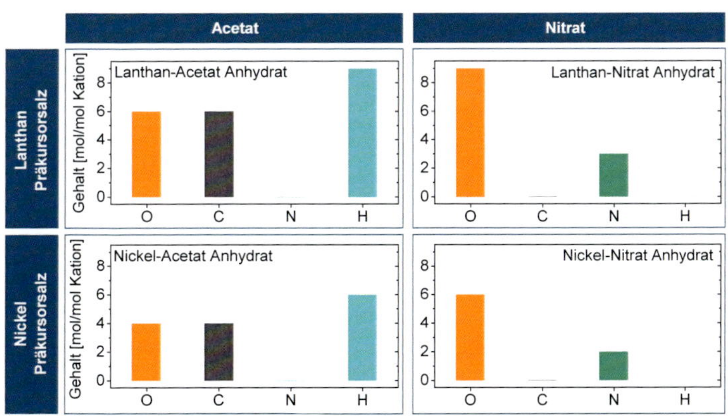

Bild 23: Elementare Zusammensetzung möglicher Präkursorsalze für die Herstellung leitfähiger LNO ($LaNiO_3$) Schichten. Die molaren Anteile von Sauerstoff (O), Kohlenstoff (C), Stickstoff (N) und Wasserstoff (H) im organischen Rest des Salzes sind pro Mol Kation (La oder Ni) angegeben.

Sowohl die Acetate als auch die Nitrate zersetzen sich bei der Pyrolyse zu flüchtigen Wasserstoff-, Kohlenstoff- und Stickstoffverbindungen. Die Kationen Lanthan und Nickel liegen nach der Pyrolyse als Oxide oder Hydroxide vor (Bild 18). Die genauen Vorgänge bei der Pyrolyse von nasschemisch abgeschiedenen

Dünnschichten sind bisher noch wenig untersucht. Wie in Kapitel 4 bereits erläutert, bildet sich bei der Pyrolyse ein amorphes Netzwerk aus Metall-Oxid-Metall-Verbindungen (M-O-M), welche sich bei der Kristallisation dann zu Kristalliten ordnen. Aufgrund der dabei ablaufenden Oxidationsvorgänge kann das Redoxpotential der organischen Komponenten einen Einfluss auf die Struktur des amorphen M-O-M-Netzwerks haben und sich dadurch auch auf die Kristallisation auswirken. Abhängig vom Sauerstoffgehalt dieses M-O-M-Netzwerks nach der Pyrolyse muss der fehlende Sauerstoff für die Bildung einer stöchiometrischen $LaNiO_3$-Phase aus der Atmosphäre in die Schicht eindiffundieren. Dieser Diffusionsprozess ist zeitabhängig und kann sich damit auf die Kristallisationszeit auswirken. Läuft die Diffusion von Sauerstoff in die Schichten nur langsam ab, beispielsweise bei einem niedrigen Diffusionskoeffizienten von Sauerstoff in der Schicht, läuft auch die Kristallisation langsam ab.

Die untersuchten Funktionstinten setzen sich aus drei Komponenten zusammen: den Präkursorsalzen, dem Lösungsmittel (LM) und Additiven. Additive sind dabei Komponenten, welche keine direkte Funktion in der kristallinen Schicht übernehmen aber die Eigenschaften der Funktionstinten beeinflussen. Alkohole und Glykole werden als Additive eingesetzt, um die rheologischen Eigenschaften der Funktionstinten (Viskosität und Oberflächenspannung) zu beeinflussen. Zitronensäure hingegen wird als Komplexbildner für die Metallionen und als Reduktionsmittel eingesetzt, welches den Oxidationszustand der Funktionselemente Lanthan und Nickel beeinflussen kann.

Um den Einfluss verschiedener Präkursorsalze auf die Kristallisation zu untersuchen, werden entsprechend Bild 24 drei verschiedene Ansätze verfolgt Die Präkursorlösungen werden jeweils als gesättigte Lösung angemischt und für die Herstellung der Funktionstinte entsprechend verdünnt. Wie in Kapitel 4.2 werden aus diesen Funktionstinten Schichten auf Quarzglas-Substraten mittels Spincoating hergestellt. Die Nitrat- bzw. Mischlösungen sind wasserbasiert und werden mit TGME (Triethylenglykolmonomethylether - Sigma Aldrich) verdünnt, um geeignete rheologische Eigenschaften für einen Spincoating-Prozess einzustellen. Triton-X (Sigma-Aldrich) ist ein anionisches Tensid, welches die Oberflächenspannung der Funktionstinte reduziert und so ebenfalls der Einstellung der rheologischen Eigenschaften dient. Für die Acetat-Lösung wird Propionsäure (Prop. Ac.) als Lösungsmittel verwendet, da die Löslichkeit der Acetate in Wasser begrenzt ist.

Bild 24: Zusammensetzung und Verfahren zur Herstellung der in diesem Kapitel verwendeten Funktionstinten.

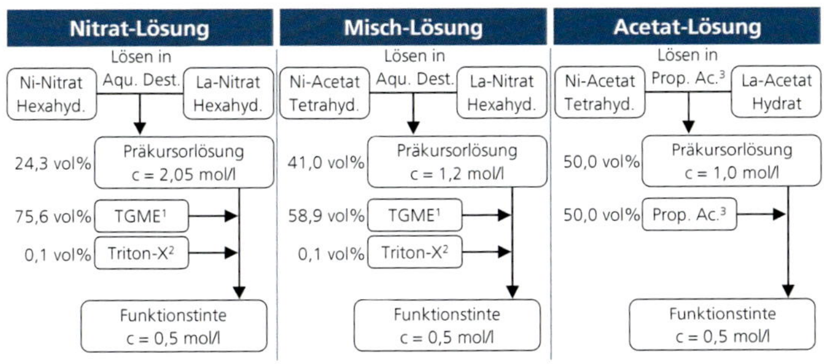

TGME[1]: Triethylenglykolmonomethylether; Triton-X[2]: Octoxinol 9 ; Prop. Ac.[3]: Propionic Acid = Propionsäure

Die Charakterisierung der hergestellten Lösungen erfolgt mit einem Rheometer (Malvern KINEXUS lab rheometer) und einem Kontaktwinkelmessgerät (OCA 20 DataPhysics). Die Messung der Viskosität erfolgt mit einer Kegel-Scheibe-Geometrie bei Scherraten zwischen 10 s^{-1} und 2.500 s^{-1}. Die Messung der Oberflächenspannung (SFT – Surface Free Tension) erfolgt an einem hängenden Tropfen. Die Ergebnisse der Oberflächenspannung und der Viskosität der Lösungen aus Bild 24 sowie ein Foto der Nitrat-Lösung sind in Bild 25 dargestellt. Alle Lösungen weisen in Abhängigkeit der Scherrate eine weitgehend konstante Scherviskosität auf, sind also im gemessenen Bereich nicht thixotrop. Die wasserbasierten Lösungen (Nitrat- und Mischlösung) weisen dabei eine Oberflächenspannung um 30 mN/m auf. Die Oberflächenspannung der Acetat-Lösung liegt mit 27,6 mN/m aufgrund der niedrigen Oberflächenspannung der Propionsäure (SFT = 27,24 mN/m) etwas darunter. Alle Lösungen eignen sich mit den gemessenen Eigenschaften für die Beschichtung von Quarzglas-Substraten mittels Spincoating. Die gemessenen Eigenschaften stellen außerdem geeignete Voraussetzung für eine Weiterentwicklung der Funktionstinte für die Applikation in anderen Verfahren, z.B. Inkjet-Druck dar.

Bild 25: Links: Scherviskosität und Oberflächenspannung (SFT) von drei unterschiedlichen Funktionstinten; Rechts: Foto der Nitratlösung (Fraunhofer ILT).

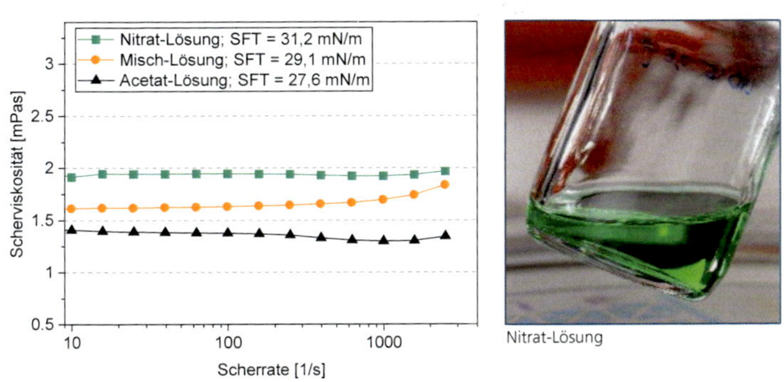

Die Kristallisation erfolgt mit dem in Bild 19 dargestellten Versuchsaufbau in Luft. Die Leitfähigkeit der Schichten wird nach unterschiedlichen Kristallisationszeiten ermittelt. Die Messung erfolgt bei Raumtemperatur. Dabei werden die Proben nach der jeweiligen Kristallisationszeit vom Heizelement genommen, auf Raumtemperatur abgekühlt und die Leitfähigkeit gemessen. Anschließend werden die Proben jeweils wieder auf dem Heizelement erhitzt und zur Messung erneut auf Raumtemperatur abgekühlt. Die Summe der Zeiten bei Kristallisationstemperatur ist die kumulierte Kristallisationszeit. In Bild 26 ist die Leitfähigkeit für die drei untersuchten Lösungen in Abhängig der Kristallisationszeit für 600 °C und 650 °C Schichttemperatur dargestellt. Nach einer kumulierten Kristallisationszeit von 900 s ändert sich die Leitfähigkeit für alle Schichten nur noch geringfügig.

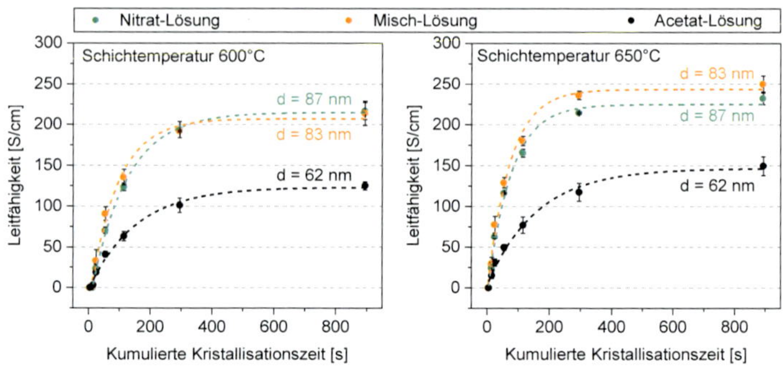

Bild 26: Spezifische Leitfähigkeit von LNO-Schichten in Abhängigkeit der kumulierten Kristallisationzeit, welche aus unterschiedlichen Präkursorsalzen hergestellt sind. Die Schichtdicken d zur Berechnung der Leitfähigkeit sind mittels XRR ermittelt.

Nitrat- und Mischlösung erreichen bei dem Versuch die höchsten Leitfähigkeiten. Die Leitfähigkeit der Schichten aus der Acetat-Lösung ist geringer. Bei allen Lösungen kann bei einer höheren Kristallisationstemperatur eine höhere Leitfähigkeit gemessen werden. Die unterschiedlichen Niveaus der Leitfähigkeit können auch durch die verschiedenen Schichtdicken hervorgerufen werden. Dieser Zusammenhang wird in Kapitel 6.2 diskutiert. Um den Verlauf der Leitfähigkeiten mit der Zeit besser zu veranschaulichen, ist an die Messpunkte jeweils eine Exponentialfunktion gefittet. Die gemessenen Leitfähigkeiten nehmen zu Beginn der Kristallisation schnell zu und nähern sich dann einem Grenzwert an. Der langsame Anstieg (mehrere Minuten) der Leitfähigkeit mit der Zeit könnte durch das oben beschriebenen Sauerstoffdefizit während der Pyrolyse hervorgerufen werden, welches die Kristallisation verlangsamt. Allerdings sollte bei ausreichend langer Kristallisationszeit und vergleichbarer Schichtdicke für alle untersuchten Funktionstinten die gleiche spezifische Leitfähigkeit erreicht werden, da das Sauerstoffdefizit durch Eindiffundieren von Sauerstoff aus der Luft ausgeglichen werden sollte. Möglicherweise entstehen jedoch während der Pyrolyse Fremdphasen, welche bei der Kristallisation anschließend nicht wieder zu stöchiometrischem $LaNiO_3$ reagieren können. Mögliche Phasen sind dabei La_2NiO_4 oder NiO, welche an den Korngrenzen ausgeschieden werden könnten und damit zur Abnahme der Leitfähigkeit beitragen [94]. Die volumetrischen Anteile dieser Phasen in den Schichten sind jedoch so gering, dass sie mittels Röntgendiffraktometrie nicht nachgewiesen werden können. Die geringere Leitfähigkeit kann auch durch Sauerstoff-Fehlstellen hervorgerufen werden, welche in der Form $LaNiO_{3-x}$ mit zunehmenden Sauerstoffdefizit x im $LaNiO_3$-Gitter zur Abnahme der Leitfähigkeit führen [95]. Im Vergleich zu Literaturwerten sind die erreichten Leitfähigkeiten mit knapp 250 S/cm gering (vgl. Tabelle 2). In den Versuchen im nächsten Kapitel werden daher die Kristallisationstemperaturen erhöht.

Für die Entwicklung einer Funktionstinte können aus diesen Untersuchungen zwei Ergebnisse abgeleitet werden. Zum einen sind sowohl nitrat- als auch acetat-basierte Präkursorsalze geeignet, um kristalline und leitfähige LNO-Schichten herzustellen. Durch die hohe Löslichkeit von Nitraten in Wasser können daher wasserbasierte Funktionstinten mit einer hohen Konzentration von bis zu 2,05 mol/l der Funktionselementen Nickel und Lanthan hergestellt werden. Dieser Zusammenhang ist für eine technische Umsetzung relevant, da durch hohe Konzentrationen schnell dicke Schichten aufgebaut werden können. Das zweite Ergebnis dieser Untersuchungen ist, dass die vollständige Kristallisation von LNO auf einem Heizelement, unabhängig von den Präkursorsalzen, mehrere Sekunden bis Minuten in Anspruch nimmt. Auch durch den initial hohen Sauerstoffgehalt in den Nitraten kann die Kristallisation nicht so weit beschleunigt werden, dass sie den Anforderungen eines laserbasierten Kristallisationsprozesses entspricht.

5.2 Einfluss einer organischen Säure auf die Eigenschaften dünner LNO-Schichten

Bei der Herstellung von dünnen Keramikschichten mittels CSD werden der Präkursorlösung häufig Additive beigemischt, die entweder die rheologischen Eigenschaften der Lösungen beeinflussen oder als Komplexbildner für die enthaltenen Ionen wirken. Duan et al. beschreiben die Herstellung von LNO-Funktionstinten mit Monoethanolamin oder Acetylaceton. Beide Verbindungen bilden Chelatkomplexe mit den Metallionen und stabilisieren damit die Lösungen [45]. Vor allem Monoethanolamin wirkt gleichzeitig als Reduktionsmittel und kann den Oxidationszustand der Metallionen beim Erhitzen beeinflussen. Bei der Herstellung von dünnen Kupfer-Schichten wird Monoethanolamin als Reduktionsmittel eingesetzt, um metallische Schichten aus Cu^{2+}-Ionen zu erzeugen wie Fink et al. 2022 gezeigt haben [79]. Ein weiterer, häufig eingesetzter Komplexbildner bei der Herstellung dünner LNO-Schichten ist Zitronensäure. Diese Säure verfügt über drei funktionale Hydroxy-Gruppen (-COOH) und eignet sich daher ebenfalls als Komplexbildner für Metallionen. Mögliche Komplexe, die sich mit bi- oder trivalenten Ionen und Zitronensäure in wässriger Lösung bilden können, sind in Bild 27 dargestellt [96]. Die entstehenden Komplexe werden folgend als „Citrate" bezeichnet.

Bild 27: Mono- und Bi-Citrat-Komplexe mit bi- oder trivalenten Metallionen (M).

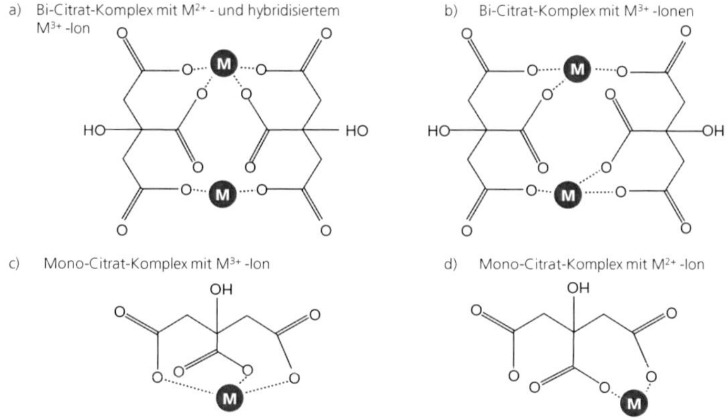

Pechini beschreibt in seinem Patent von 1967, auf welches sich die meisten Ansätze zur Herstellung von MOD- oder Sol-Gel-Schichten beziehen, die Verwendung von Zitronensäure zur Herstellung löslicher Titan- und Niob-Komplexe [57]. Bei der Herstellung von LNO-Schichten wird Zitronensäure im sogenannten „amorphous precursor process" verwendet. Dabei werden zuerst Lanthan- bzw. Nickel-Citrate gebildet und diese anschließend in einer wässrigen Lösung mit Ethylenglycol polymerisiert [97]. Mentus et al. beschreiben die Verwendung von Zitronensäure in einer „citrate gel combustion" zur Herstellung von La_2O_3-Partikeln aus Lanthan-Nitrat. Sie postulieren die Funktion der Zitronensäure als oxidierende Komponente, die den Sauerstoffgehalt in der entstehenden Keramik beeinflussen kann [90]. Der Einfluss von Zitronensäure als Additiv in Funktionstinten für die Herstellung dünner LNO-Schichten mittels CSD ist bisher nicht gezielt untersucht worden. Wie bereits in Kapitel 4 dargestellt, laufen bei den thermischen Verfahrensschritten Pyrolyse und Kristallisation komplexe Reduktions- und Oxidations-Prozesse ab. Bei der Pyrolysetemperatur von 350 °C liegen die Funktionselemente als $La(NO_3)_3$-Anhydrat und $LaONO_3$ bzw. NiO und Ni_2O_3 vor (vgl. Bild 18). Dieser Zusammenhang ist bisher aber lediglich für reine Lanthan- und Nickel-Nitrat Pulver nachgewiesen. In einer Mischung, wie sie in den hier verwendeten Präkursorlösungen verwendet wird, kann die chemische Struktur der Komponenten abweichen.

In diesem Kapitel wird der Einfluss von Zitronensäure als Additiv in nitratbasierten Funktionstinten auf die Kristallisationsgeschwindigkeit und die optischen Eigenschaften der Schichten untersucht. Dazu werden entsprechend Kapitel 5.1 verschiedene Funktionstinten hergestellt und mittels Spincoating auf Quarzglas-Substrate appliziert. Um die erreichte Schichtdicke pro Beschichtungsschritt zu erhöhen, werden die Konzentrationen der Funktionstinten angepasst. Die Schichten werden unter verschiedenen Gasatmosphären pyrolysiert. Das Vorgehen und die Zusammensetzung der Funktionstinten sind schematisch in Bild 28 dargestellt. Nach dem Lösen der Nitrate wird Zitronensäure (Sigma-Aldrich) zugegeben, bis eine klare Lösung entsteht, folgend als Citrat-Lösung bezeichnet. Die Stoffmenge der Zitronensäure wird so eingestellt, dass pro Ionen der Funktionselemente zwei Zitronensäure-Moleküle in der Lösung enthalten sind. Um eine Funktionstinte herzustellen, die in einem Spincoating-Verfahren verwendet werden kann, werden jeweils geeignete Alkohole bzw. Glykole hinzugeben, um die rheologischen Eigenschaften einzustellen. Beide Lösungen werden so eingestellt, dass jeweils eine Viskosität von 4 ±0,2 mPas erreicht wird und so eine vergleichbare Schichtdicke im Spincoating-Prozess gewährleistet wird. Daraus resultieren unterschiedliche Konzentrationen der Funktionstinten. Durch die erhöhten Konzentrationen im Gegensatz zu den Versuchen in Kapitel 5.1 können die angestrebten Schichtdicken bereits mit einem einzigen Beschichtungsschritt erreicht werden.

Bild 28: Ablaufdiagramm der Herstellung einer Nitrat-Lösung bzw. einer Nitrat-Lösung mit Zitronensäure (Citrat-Lösung). Die Scherviskositäten sind bei einer Scherrate von 100 1/s gemessen.

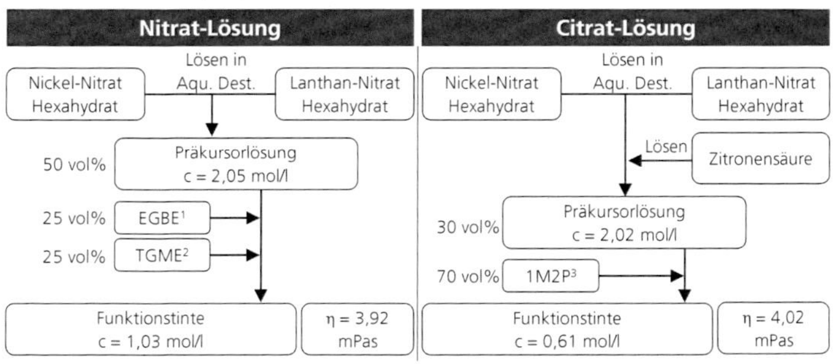

EGBE[1]: Ethylenglykolmonobutylether; TGME[2]: Triethylenglykolmonomethylether; 1M2P[3]: 1-Methoxy-2-Propanol

In Bild 29 sind Fotos der pyrolysierten Proben sowie die Ergebnisse der Schichtdickenmessung mittels XRR bzw. der Simulation der Schichtdicke auf Basis der experimentell ermittelten optischen Eigenschaften dargestellt. Für die Simulation der Schichtdicken wird die Software SCOUT (W. Theiss Hard- and Software) verwendet. Damit können, unter Auswahl geeigneter physikalischer Modelle, die optischen Eigenschaften sowie die Schichtdicke von Dünnschichtsystemen simuliert werden. Das Verfahren ist detailliert in Kapitel 7 beschrieben. Die Proben unterscheiden sich optisch voneinander, weisen jedoch alle eine mehr oder wenig deutlich ausgeprägte bräunliche Färbung auf. Diese tritt am deutlichsten bei der in O_2-Atmosphäre pyrolysierten Schichten hervor. Die Schichtdicke der amorphen Schichten (aLNO) kann mittels XRR nur für einige Schichten ermittelt werden. Zuverlässige XRR-Messungen können nur bei homogenen Schichten (gleichbleibende Schichtdicke über die gesamte Probe und geringe Rauheit an der Grenzfläche zwischen Schicht und Substrat) durchgeführt werden. Je größer die Rauheit an den Grenzflächen ist, desto größer wird der Fehler der Messung. Dieser Zusammenhang erlaubt den Rückschluss, dass sich mit der Citrat-Lösung homogenere Schichten mit geringerer Rauheit an den Grenzflächen herstellen lassen. Die Simulation der Schichtdicken mit der Software SCOUT liefert für alle dargestellten Proben Ergebnisse für die Schichtdicken. Details zur optischen Charakterisierung dünner LNO-Schichten sind in Kapitel 7 dargestellt. Die simulativ bestimmten Schichtdicken stimmen innerhalb des Fehlers mit den verfügbaren Ergebnissen aus den XRR-Messungen überein. Die Schichten, die in Luft und in O_2-Atmosphäre pyrolysiert werden, weisen für die jeweiligen Funktionstinten vergleichbare Schichtdicken auf. Die

Schichtdicken der unter N_2-Atmosphäre pyrolysierten Schichten sind dagegen erheblich größer. Diese Ergebnis zeigen, dass abhängig von der Sauerstoffverfügbarkeit während der Pyrolyse unterschiedliche Zersetzungsprozesse in den Schichten ablaufen. Vor allem der Oxidationszustand der Funktionselemente Nickel und Lanthan sowie der Anteil an Restorganik (kohlenstoffhaltige Verbindungen) kann durch die Atmosphäre während der Pyrolyse beeinflusst werden. Die Schichtdicken der kristallinen Schichten weichen für die vorhandenen Messwerte innerhalb der Fehler nur wenig voneinander ab. Die Abweichung der Schichtdicken zwischen Nitrat- und Citrat-Lösung können durch die unterschiedlichen Konzentrationen der Funktionstinten hervorgerufen werden.

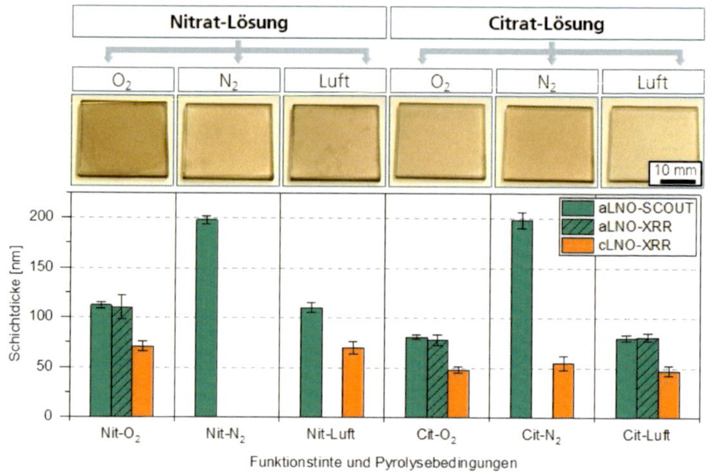

Bild 29: Fotografische Aufnahmen (Aufsicht) von, unter verschiedenen Bedingungen pyrolysierte, amorphen LNO-Schichten auf Quarzglas-Substraten. Die aufgeführten Schichtdicken der amorphen (aLNO) und kristallinen (cLNO) Schichten sind mittels XRR bzw. durch Simulation mit der Software SCOUT ermittelt. Bei den Proben ohne Messwerte können die Schichtdicken mittels XRR nicht bestimmt werden.

Um die Abhängigkeit der optischen Eigenschaften von der verwendeten Funktionstinte und der Atmosphäre bei der Pyrolyse zu untersuchen, werden UV-VIS-NIR-Spektren der amorphen Schichten aufgenommen. Das Vorgehen der Messung ist in Anhang 11.1 dargestellt. Die ermittelten Absorptionsgrade der Schichten sind in Bild 30 dargestellt. Die in Bild 29 makroskopisch sichtbaren Unterschiede schlagen sich auch in den gemessenen UV-VIS-NIR-Spektren nieder. Um den Einfluss der Schichtdicke auf das Absorptionsverhalten zu eliminieren, werden die Extinktionskoeffizienten mit der Software SCOUT bestimmt und sind ebenfalls in Bild 30 dargestellt. Die Ergebnisse zeigen, dass der Extinktionskoeffizient innerhalb des dargestellten Wellenlängenbereichs mit der Verfügbarkeit von Sauerstoff während der Pyrolyse zunimmt. Den geringsten Extinktionskoeffizienten weisen dabei die Schichten auf, die unter N_2-Atmosphäre pyrolysiert werden. Dieser Zusammenhang kann für beide Funktionstinten nachgewiesen werden.

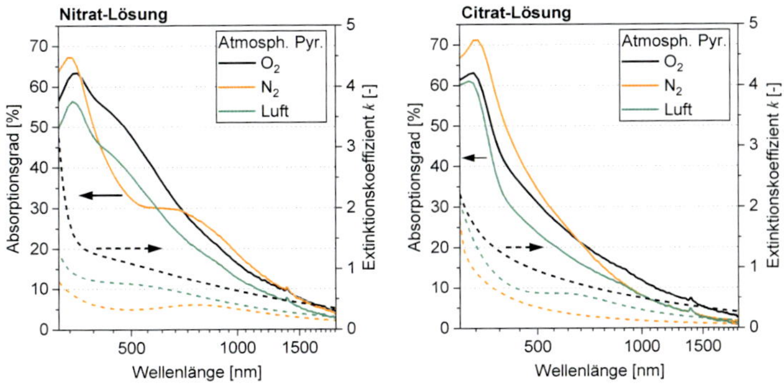

Bild 30: Absorptionsspektren (durchgezogene Linien) und daraus berechnete Extinktionskoeffizienten (gestrichelte Linien) für zwei unterschiedliche Funktionstinten und unterschiedliche Gasatmosphären bei der Pyrolyse.

Im nächsten Schritt erfolgt die Untersuchung der elektrischen Leitfähigkeit während der konventionellen Kristallisation mit einem Heizelement. Dabei wird untersucht, wie sich die Zusammensetzung der Funktionstinten sowie die Atmosphäre während der Pyrolyse auf die Leitfähigkeit und Kristallisationsgeschwindigkeit der Schichten auswirkt. Das Vorgehen entspricht dabei dem aus Kapitel 4.2. Für die Berechnung der spezifischen Leitfähigkeit werden die mittels XRR ermittelten Schichtdicken der kristallinen Schichten verwendet (vgl. Bild 29). Die Ergebnisse der Messung für eine Kristallisationstemperatur (Schichttemperatur) von 750 °C sind in Bild 31 dargestellt. Die geringsten Leitfähigkeiten nach 900 s kumulierter Kristallisationszeit werden jeweils bei den in N_2-Atmosphäre pyrolysierten Proben gemessen. Die höchste Leitfähigkeit von 808 S/cm wird bei einer in Luft pyrolysierten Schicht (Citrat-Lösung) gemessen. Der Unterschied zu den in Bild 26 dargestellten Leitfähigkeiten für die Nitrat-Lösung wird durch die höhere Kristallisationstemperatur hervorgerufen. Diese Ergebnisse zeigen, dass sowohl die Atmosphäre bei der Pyrolyse als auch die Zusammensetzung der Funktionstinte einen messbaren Einfluss auf die physikalischen Eigenschaften der kristallinen $LaNiO_3$-Schichten hat. Dieser Effekt kann durch fehlenden Sauerstoff bei der Pyrolyse in N_2-Atmosphäre hervorgerufen werden.

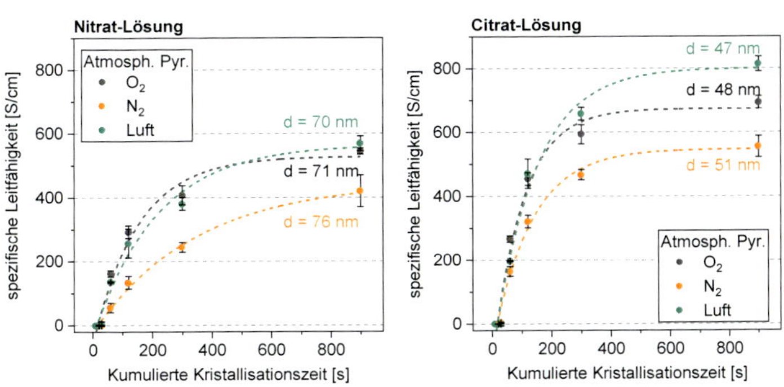

Bild 31: Spezifische Leitfähigkeit dünner LNO-Schichten aus Nitrat-Lösung bzw. Citrat-Lösung in Abhängigkeit von der kumulierten Kristallisationszeit. Die Schichttemperatur bei der Kristallisation (Schichttemperatur) beträgt jeweils 750 °C.

Die Ergebnisse aus diesem Kapitel lassen mehrere Rückschlüsse auf die Abläufe bei der Pyrolyse und Kristallisation von LNO-Funktionstinten zu. Bei der Pyrolyse entstehen verschiedene Verbindungen aus den Funktionselementen Nickel und Lanthan mit Sauerstoff-, Nitrat-, Carbonat- oder Hydroxy-Spezies. Für reine Nickel-Nitrat bzw. Lanthan-Nitrat-Schichten ist die Bildung dieser Verbindungen in Abhängigkeit der Temperatur in Bild 18 dargestellt. Vor allem bei der temperaturabhängigen Zersetzung von Nickel-Nitrat entstehen verschiedene Zwischenstufen, in denen das Nickel-Ion verschiedene Oxidationszustände (Ni^{2+} oder Ni^{3+}) annimmt. Durch die Zugabe von Zitronensäure wird eine zusätzliche Quelle für Kohlenstoff- und Hydroxy-Gruppen verfügbar, welche den Oxidationszustand der Funktionselemente beeinflussen kann. Die deutlichen Unterschiede der Schichtdicke der amorphen LNO-Schichten in Abhängigkeit der Atmosphäre bei der Pyrolyse zeigt rein geometrisch, dass sich die Zusammensetzungen der Schichten unterscheiden. Durch das Fehlen von Sauerstoff bei der Pyrolyse können die Präkursoren nicht vollständig in ihre gasförmigen Abbauprodukte (NO_x bzw. CO_2) zersetzt werden, wodurch das zurückbleibende Schichtvolumen größer ist. Wie Brockner et al. postulieren und wie bereits in Bild 18 dargestellt, ist vor allem die thermische Zersetzung von Nickel-Nitrat komplex und läuft über basische Zwischenstufen ab [92]. Diese Schritte können ebenfalls von der Säurefunktion der Zitronensäure beeinflusst werden.

Wie empfindlich dieses System reagiert, zeigen die in Bild 31 dargestellten Ergebnisse der Citrat-Lösung. Die höchsten Leitfähigkeiten werden für die unter Luft pyrolysierten Schichten gemessen. Die Pyrolyse unter reinem Sauerstoff führt zu geringeren Leitfähigkeiten. Dieses Ergebnis weist darauf hin, dass ein gewisser O_2-Partialdruck vorhanden sein muss, um einen geeigneten Oxidationszustand der Schichten einzustellen.

Die berechneten Extinktionskoeffizienten der amorphen LNO-Schichten liegen deutlich über denen, die für reine NiO- bzw. La_2O_3-Schichten bekannt sind. Für dünne, mittels PLD abgeschiedene, NiO-Schichten beträgt der Extinktionskoeffizient im Wellenlängenbereich 350 – 1000 nm unter 0,1 [98]. Für dünne La_2O_3-Schichten ist dieser ebenfalls gering, sodass diese in diesem Wellenlängenbereich als vollständig transparent betrachtet werden kann [99]. Die dunkle Färbung der amorphen LNO-Schichten (und damit der vergleichsweise hohe Extinktionskoeffizient) wird vermutlich durch nicht-stöchiometrische Nickel-Oxide der Form Ni_xO_y hervorgerufen, die während der Pyrolyse entstehen. Diese Verbindung kann nicht in Reinform hergestellt werden und ist nur schwer nachweisbar, wird jedoch in der Literatur als sogenanntes „schwarzes Nickeloxid" beschrieben [100]. Nach Zhou et al. enthält schwarzes Nickeloxid NiO [Ni^{2+}], Ni(OH) [Ni^{1+}] und Ni_2O_3 [Ni^{3+}] Anteile. Durch diese Zusammensetzung verschiedener Oxidationszustände des Ni-Ions nimmt die optische Bandlücke in Abhängigkeit der Funktionalisierungstemperatur von 2,48 eV (bei 25 °C) auf 2,85 eV (bei 500 °C) zu [101].

Die Bildung verschiedener Nickel- und Lanthan-Verbindungen im Verlauf der Pyrolyse wird nach den präsentierten Ergebnissen auch durch die Anwesenheit von Zitronensäure als organische Komponente beeinflusst. Da Nitrate [$-NO_3$] starke Oxidationsmittel darstellen, kann ein Reduktionsmittel (wie die Zitronensäure) freiwerdende Sauerstoff-Spezies oder -Radikale [O•] abfangen und z.B. zu CO_2 reduzieren. Dadurch ändert sich das Oxidationspotential der Schicht und die Bildung von Ni- oder La-Oxiden kann beeinflusst werden. Die geringen spezifischen Leitfähigkeiten der in N_2-Atmosphäre pyrolysierten Schichten zeigen, dass die Leitfähigkeit ebenfalls von der Atmosphäre bei der Pyrolyse beeinflusst werden kann. Dieser Effekt kann durch eine hohe Konzentration an Sauerstoff-Fehlstellen in der $LaNiO_3$-Phase hervorgerufen werden. Auch die deutliche Abnahme der Schichtdicke bei der Kristallisation um 62 % (Nitrat) bzw. 72 % (Nitrat + Zitronensäure) kann zu Defekten wie Rissen in den Schichten führen.

Durch die komplexen Zusammenhänge und die Vielzahl an chemischen Zwischenstufen, welche die beteiligten Verbindungen während der thermischen Funktionalisierung durchlaufen, können die genauen Abläufe im Rahmen dieser Arbeit aus den vorhandenen Ergebnissen nicht abgeleitet werden. Die relevanten Komponenten und Prozesse bei der Pyrolyse und Kristallisation verschiedener Funktionstinten sind in Bild 32 vereinfacht zusammengefasst. Besonders relevant für die späteren Versuche ist die Zusammensetzung der Nickel-Verbindungen bzw. der Oxidationszustände des Ni-Ions nach der Pyrolyse. Die Ergebnisse aus diesem Kapitel weisen darauf hin, dass vor allem die Oxidationszahl des Ni-Ions die Eigenschaften der pyrolysierten Schicht beeinflusst und Auswirkungen auf die Kristallisationsgeschwindigkeit bei der laserbasierten Kristallisation haben kann.

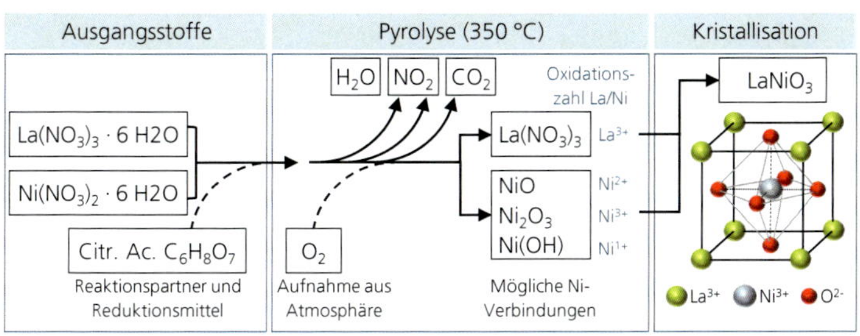

Bild 32: Schematische Darstellung der Abläufe und Komponenten bei der Pyrolyse und Kristallisation von Funktionstinten.

Die Ergebnisse aus diesem Kapitel zeigen, dass die optischen Eigenschaften dünner, amorpher LNO-Schichten von der Zusammensetzung der verwendeten Funktionstinte sowie von der Gasatmosphäre bei der Pyrolyse abhängen. Dieser Zusammenhang wird über unterschiedliche chemische Reaktionen erklärt, welche in Abhängigkeit dieser Parameter ablaufen. Die Unterschiede im Extinktionskoeffizienten werden demnach vor allem durch unterschiedliche Oxidationszustände der Nickel-Ionen hervorgerufen. Diese unterschiedlichen Oxidationszustände können sich auf die Kristallisationsgeschwindigkeit und die Leitfähigkeit auswirken. Die maximal erreichte Leitfähigkeit hängt nicht nur von den Bedingungen während der Kristallisation, sondern auch von den Bedingungen während der Pyrolyse ab. Dieses Ergebnis zeigt, dass während der Pyrolyse Prozesse ablaufen, die auch bei der Kristallisation bei höheren Temperaturen nicht vollständig rückgängig gemacht werden können. Die Bestimmung der Schichtdicke mittels XRR und Simulation mit der Software SCOUT liefert innerhalb des Fehlers deckungsgleiche Ergebnisse und kann daher im Folgenden als Analysemethode verwendet werden.

5.3 Zusammenfassung

Die in Kapitel 5 vorgestellten Ergebnisse zur Entwicklung eines LNO-Funktionstinte können wie folgt zusammengefasst werden:

- Sowohl nitrat- als auch acetat-basierte Präkursorsalze von Lanthan und Nickel eignen sich für die Herstellung leitfähiger $LaNiO_3$-Schichten. Durch die höhere Löslichkeit der Nitrate in Wasser und die höhere spezifische Leitfähigkeit sind diese jedoch im Hinblick auf eine technische Umsetzung geeigneter.

- Die Kristallisation dünner LNO-Schichten auf Quarzglas-Substraten mittels Heizelement weist eine deutliche Zeitabhängigkeit auf. Für das Erreichen der maximalen Leitfähigkeit sind Kristallisationszeiten von mehreren Minuten notwendig. Gründe dafür könnten Sauerstoff-Fehlstellen im $LaNiO_3$-Gitter oder stabile Fremdphasen (NiO_2 oder La_2NiO_4) sein, welche bereits bei der Pyrolyse entstehen. Diese Hypothese wird in Kapitel 6 näher betrachtet.

- Die Bedingungen bei der Pyrolyse (Gasatmosphäre und Zusammensetzung der Funktionstinte) wirken sich auf die optischen Eigenschaften der Schichten sowie deren Schichtdicke aus. Die Leitfähigkeit und Kristallisationsgeschwindigkeit werden ebenfalls von den Bedingungen bei der Pyrolyse beeinflusst. Die höchsten Leitfähigkeiten von bis zu 808 S/cm werden dabei an Schichten gemessen, welche aus Funktionstinten mit Zitronensäure hergestellt und an Luft pyrolysiert werden. Dieses Ergebnis fließt in die Untersuchungen in Kapitel 8.4.2 ein.

6 Einflussfaktoren auf die konventionelle Kristallisation von dünnen LNO-Schichten

Die Ergebnisse aus Kapitel 5 zeigen, dass die Leitfähigkeit dünner LNO-Schichten unter anderem von der Zusammensetzung der verwendeten Funktionstinte abhängen. Weitere Verfahrensparameter wie die Kristallisationszeit, die Temperatur und die Gasatmosphäre wirken sich jedoch ebenfalls auf die Leitfähigkeit und Kristallisationsgeschwindigkeit aus. In diesem Kapitel wird der Einfluss der Material- bzw. Probeneigenschaften sowie der Verfahrensparameter bei der konventionellen Kristallisation dünner LNO-Schichten auf die Schichteigenschaften untersucht. In Bild 33 sind die untersuchten Einflussfaktoren dargestellt. Diese werden dabei in primäre Faktoren (Materialeigenschaften), sekundäre Faktoren (Probeneigenschaften) und Verfahrensparameter unterteilt. Die primären Faktoren werden dabei direkt von den sekundären Faktoren sowie den Verfahrensparametern beeinflusst. Die Zielgröße der Untersuchungen ist die Einstellung einer hohen elektrischen Leitfähigkeit sowie die Ausbildung einer möglichst reinen $LaNiO_3$-Phase.

Bild 33: Einflussfaktoren auf die Leitfähigkeit von dünnen LNO-Schichten. Diese Einflussfaktoren sind in primäre Faktoren (Materialeigenschaften) und sekundäre Faktoren (Probeneigenschaften) unterteilt. Die Verfahrensparameter beeinflussen diese Faktoren und wirken sich auf die Leitfähigkeit der Schichten aus.

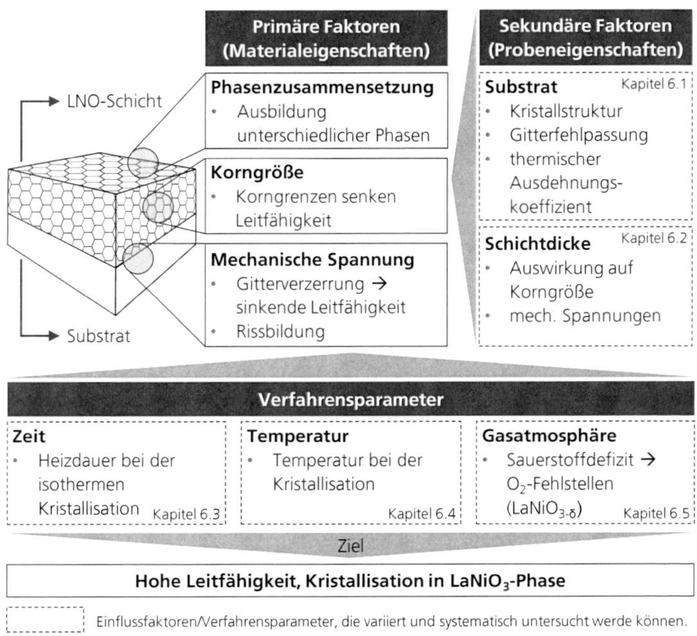

Bei der konventionellen Kristallisation mittels Heizelement können die ausgewählten Einflussfaktoren weitgehend unabhängig voneinander betrachtet werden. Auf Basis der daraus abgeleiteten Erkenntnisse wird ein laserbasiertes Kristallisationsverfahren entwickelt, welches die verschiedenen Faktoren und deren Auswirkungen auf die Kristallisation berücksichtigt. Die zentrale Herausforderung besteht dabei darin, den Kristallisationsprozess, der konventionell mehrere Minuten bis Stunden in Anspruch nimmt, erheblich schneller und mittels Laserstrahlung durchzuführen. Dabei sollen Leitfähigkeiten erreicht werden, welche denen von konventionell kristallisierten LNO-Schichten entsprechen.

Die in diesem Kapitel verwendeten Proben werden entsprechend Kapitel 4.2 hergestellt. Als Substrat wird Quarzglas verwendet (Dicke: 2 mm). Als Funktionstinte wird die Nitrat-Lösung aus Bild 28 verwendet. Die Funktionstinte mit Zitronensäure (Nitrat-Lösung + Zitronensäure) zeigt zwar höhere Leitfähigkeiten, um das untersuchte System möglichst einfach zu halten, werden in diesem Kapitel ausschließlich reine Nitrat-Lösungen verwendet. Die Zusammenführung der Erkenntnisse aus den Kapiteln 5 und 6 erfolgt in Kapitel 8 bei der Untersuchung der laserbasierten Kristallisation von LNO. Die elektrische Leitfähigkeit wir mittels 4-Punkt-Messung (Keithley 4200-SCS) ermittelt.

6.1 Einfluss des Substrat-Materials auf die Kristallisation von LNO-Schichten

Die Eigenschaften des Substratmaterials wirken sich, wie bereits in Bild 11 dargestellt, auf das Kristallisationsverhalten und die Eigenschaften von darauf applizierten, dünnen Perowskitschichten aus. In der Literatur werden unterschiedliche Substrate bei der Herstellung von dünnen LNO-Schichten verwendet. Einige Beispiele sind in Tabelle 3 zusammengefasst. Die dargestellten Ansätze unterscheiden sich hinsichtlich der verwendeten Präkursoren, der Substrate und der Applikationsverfahren. Für Anwendungen in der Mikroelektronik sind Silizium oder Platin verbreitete Substratmaterialien. Für optische Anwendungen (z.B. optische Filter) sind wiederum transparente Substrate aus Saphir und Quarzglas relevant.

	Amoresi [46]	**Ryll [51]**	**Wang [40]**	**Li [102]**
Substrat	Silizium	Saphir	Pt auf Silizium	Quarz
Struktur Substrat	Kristallin	Kristallin	Kristallin	Amorph
Dicke der LNO-Schicht	230 nm	200 - 250 nm	20 – 200 nm	250 nm
Applikations-Verfahren	Spincoating	Spraycoating	Spincoating	Spincoating
Präkursoren	Ni-Nitrat La-Nitrat	Ni-Nitrat La-Nitrat	Ni-Acetat La-Acetat	Ni-2-ehex[1] La-2-ehex[1]
Leitfähigkeit LNO-Schicht	85 S/cm	600 S/cm	---	770 S/cm

Tabelle 3: Beispiele für unterschiedliche Substrate, die bei der Herstellung dünner LNO-Schichten verwendet werden. Alle aufgeführten Quellen kristallisieren die LNO-Schichten in einem konventionellen Verfahren. Auf Platinsubstraten kann die Leitfähigkeit nicht bestimmt werden, da Platin selbst eine hohe Leitfähigkeit aufweist. [1]ehex: ethylhexanoat

Die meisten Autoren verwenden kristalline Substrate, welche als Seed-Layer für die Kristallisation der LNO-Schichten dienen. Li et al. haben jedoch auch erfolgreich LNO-Schichten auf amorphem Quarzsubstrat kristallisiert und damit vergleichsweise hohe Leitfähigkeiten von bis zu 770 S/cm erreicht [102]. Die verwendeten Präkursoren, die Anzahl an applizierten Schichten sowie Kristallisations- und Pyrolysetemperaturen unterscheiden sich jedoch in den aufgeführten Quellen deutlich. Daher ist ein direkter Vergleich der Leitfähigkeiten nicht aussagekräftig. Bei der laserbasierten Kristallisation spielen, neben der Struktur des Substrates, auch dessen optische Eigenschaften eine zentrale Rolle. Dieser Einfluss wird in Kapitel 7 untersucht und diskutiert.

Der Einfluss des verwendeten Substrates auf die Eigenschaften dünner LNO-Schichten werden in diesem Kapitel für Platin (Pt), Saphir und Quarzglas (QG) untersucht. Die Probenpräparation erfolgt entsprechend Kapitel 4.2 mit Nitrat-Lösung (vgl. Bild 24). Die Schichtdicken der kristallinen Schichten werden mittels XRR auf 109 ± 6 nm bestimmt. Anschließend werden die Schichten mittels Röntgendiffraktometrie vermessen. Die Ergebnisse sind in Bild 34 dargestellt. Für alle Substrate kann eine $LaNiO_3$-Phase nachgewiesen werden. Bei Reflexen, welche doppelt indiziert sind, liegen die Reflexpositionen nach den berechneten Literaturwerten so nah nebeneinander, dass die Auflösung der Messung nicht ausreicht, um diese getrennt voneinander darzustellen. Die Positionen der Reflexe und die Indizierung ist nach Daten von Garcia-Munoz et al. sowie der Software VESTA berechnet [103]. Die Referenz-Daten stammen von Messungen an polykristallinen Pulvern, daher wird davon ausgegangen, dass diese Kristalle keine Eigenspannungen aufweisen. Das Diffraktogramm von $LaNiO_3$ auf Pt weist zusätzlich Reflexe des Pt-Substrates auf. Der Reflex mit der höchsten Intensität (LNO (110)) ist bei allen Substraten am deutlichsten ausgeprägt. Bei diesem Reflex ist eine leichte Verschiebung des Maximums zwischen den verschiedenen Substraten zu erkennen. Diese Verschiebung kann durch mechanische Spannungen in der Schicht hervorgerufen werden. Um diese Verschiebung besser sichtbar zu machen, ist in Bild 34 rechts eine höher aufgelöste Aufnahme des Peaks abgebildet. In dieser Darstellung ist die Verschiebung der Peaks zueinander und zum eingezeichneten Referenzwert bei 32,845° deutlich zu erkennen.

Bild 34: Links: Diffraktogramme von LNO-Schichten auf unterschiedlichen Substraten (Saphir, Quarzglas – QG, Platin – Pt). Rechts: Vergrößerung des (110)-Peaks zur genauen Bestimmung der Peakposition. Das Maximum des Peaks wird jeweils über einen gefitteten, asymmetrischen Peak bestimmt. Referenz für die Peakpositionen berechnet aus [103] mit der Software VESTA.

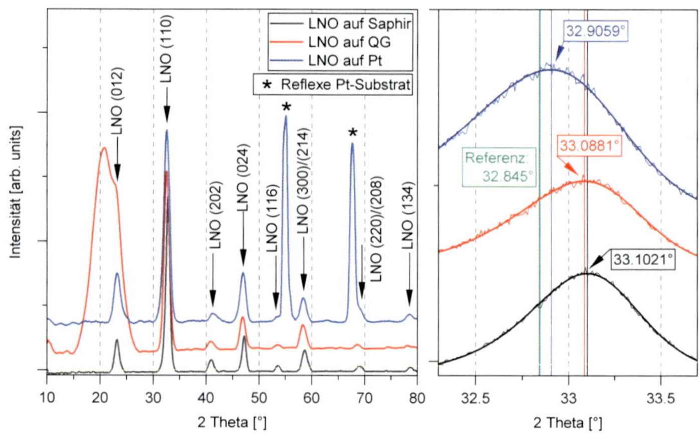

Die Verschiebungen der Peaks können durch Spannungen in der Schicht hervorgerufen werden, die durch Gitterfehlpassungen zwischen kristalliner LNO-Schicht und Substrat oder Unterschieden in deren thermischen Ausdehnungskoeffizienten entstehen können. Durch eine Dehnung des Gitters aufgrund dieser Spannungen ändern sich die Abstände der Netzebenen. Diese Änderung schlägt sich in der Verschiebung der Reflexe im Diffraktogramm entlang der y-Achse nieder. Gitterkonstanten, thermische Ausdehnungskoeffizienten und der Abstand der jeweils gemessenen Peaks sind in Tabelle 4 zusammengefasst. Silizium ist ebenfalls aufgeführt, da es das Substrat für die Platin-Schicht bildet (Schichtdicke Pt auf dem Si-Wafer ~15 nm). Dessen thermischer Ausdehnungskoeffizient kann daher ebenfalls zu Spannungen in der LNO-Schicht führen. Platin weist eine ähnliche Gitterkonstante sowie einen ähnlichen thermischen Ausdehnungskoeffizienten wie $LaNiO_3$ auf. Dieser Zusammenhang erklärt die geringe Verschiebung des Peaks im Vergleich zur Referenz. Saphir weist sowohl eine deutlich andere Gitterkonstante als auch einen geringeren thermischen Ausdehnungskoeffizienten als $LaNiO_3$ auf. Beide Faktoren können zu Spannungen und damit zur Verschiebung des Peaks im Diffraktogramm führen. Da Quarzglas ein amorphes Material ist, können Spannungen hier nicht durch Gitterfehlpassungen induziert werden. Allerdings weicht der thermische Ausdehnungskoeffizient deutlich von dem von $LaNiO_3$ ab. Genau wie bei dem Saphir-Substrat auch, führt die Abweichung zu einer ausgeprägten Verschiebung des Reflexes. Die gemessene Leitfähigkeit der $LaNiO_3$-Schicht auf Saphir und Quarzglas belegt, dass eine geringere Differenz der thermischen Ausdehnungskoeffizienten zu höheren Leitfähigkeiten führt. Neben der geringeren Neigung, Risse zu bilden werden dadurch auch mechanische Spannungen in der $LaNiO_3$-Schicht reduziert und so eine höhere Leitfähigkeit erreicht.

	Gitterkonstante [Å]	Therm. Ausdehnungskoeff. $[10^{-6} \cdot K^{-1}]$	Delta zum Referenzwinkel (LNO-Schicht)	Leitfähigkeit LNO-Schicht [S/cm]
$LaNiO_3$	3,84 [42]	8,2 – 16,2 [104–106]	---	---
Platin	3,92 [107]	8,9 [107]	0,061°	---
Silizium	5,43 [108]	2,6 [109]	---	---
Saphir	a: 4,76 [110] c: 12,99	5,0 – 6,6 [110]	0,257°	1090 ± 60
Quarzglas	---	0,45 [111]	0,243°	680 ± 34

Tabelle 4: Zusammenfassung von Gitterkonstanten, thermischen Ausdehnungskoeffizienten und der Abstand zum Referenzpeak. Da Saphir anisotrope Kristalle bildet, unterscheiden sich Gitterkonstanten und thermische Ausdehnungskoeffizienten in den unterschiedlichen Richtungen im Kristallgitter. Alle Werte sind für eine Temperatur von 20 °C angegeben.

Die Ergebnisse der Untersuchungen in diesem Kapitel zeigen, dass sich das verwendete Substrat auf die Eigenschaften von darauf applizierten LNO-Schichten auswirkt. Vor allem thermisch induzierte Spannungen und Unterschiede der Gitterkonstante zwischen Substrat und $LaNiO_3$ führen zu einer Verzerrung des Kristallgitters und können potenziell zur Bildung von Rissen in den Schichten führen. Weiterhin können diese Spannungen zu einer Verkippung der NiO_6-Oktaeder im $LaNiO_3$ führen, was zu einer Lokalisierung der Leitungselektroden führt. Dadurch nimmt die elektrische Leitfähigkeit ab [112]. Hinsichtlich einer laserbasierten Kristallisation kann dieser Zusammenhang eine Herausforderung darstellen. Vor allem bei kurzen Wechselwirkungszeiten treten größere Heiz- und Abkühlraten auf. Thermisch induzierte Spannungen können dann nicht abgebaut werden und zu einer verstärkten Verzerrung des Gitters oder zu Rissen führen, wodurch die Leitfähigkeit der Schichten reduziert werden könnte. Vor allem Saphir eignet sich als Substrat in einem laserbasierten, thermischen Prozess kaum, da die Anisotropie des Wärmeausdehnungskoeffizienten entlang unterschiedlicher Kristallachsen (a und c) bei lokaler Erhitzung zur Zerstörung des Substrats führen kann.

6.2 Einfluss der Schichtdicke auf die Kristallisation von LNO-Schichten

Der zweite Einflussfaktor, der im Zuge dieses Kapitels betrachtet wird, ist die Schichtdicke. Sie lässt sich einfach variieren und zuverlässig mittels XRR-Messungen oder optischen Methoden bestimmen (vgl. Kapitel 5.2).

Die Schichtdicke kann sich auf das Diffusionsverhalten von Gasmolekülen in die Schichten während der Kristallisation auswirken. Vor allem Sauerstoff spielt dabei eine wichtige Rolle. Für andere perowskitische Dünnschichten (z.B. PZT) ist dieser Zusammenhang bereits nachgewiesen [87]. Wie bereits in Kapitel 2.4 diskutiert, hat die Sauerstoffstöchiometrie einen Einfluss auf die optischen und elektrischen Eigenschaften von dünnen LNO-Schichten. Je größer die Schichtdicke, desto länger sind die Diffusionswege bzw. -zeiten für Gasmoleküle aus der Atmosphäre in die Schicht. Abhängig vom verwendeten Substrat kann jedoch auch ein weiterer Diffusionseffekt auftreten, bei dem Elemente aus dem Substrat in die LNO-Schichten eindiffundieren und dort intra- und interstitielle Fehlstellen bilden, welche ebenfalls zu einer Reduktion der Leitfähigkeit führen können. Dieser Effekt wird von Liu et al. beschrieben [50].

Der Einfluss der Schichtdicke auf die elektrische Leitfähigkeit und Morphologie von dünnen LNO-Schichten bei der konventionellen Kristallisation mittels Heizelement wird untersucht. Dazu werden amorpher LNO-Schichten unterschiedlicher Dicke mittels Spincoating auf Quarzglas-Substrate appliziert. Das Vorgehen ist in Kapitel 4.2 beschrieben. Die Versuche zur laserbasierten Kristallisation in Kapitel 8 werden ebenfalls auf Quarzglas-Substraten durchgeführt, daher erfolgt die Betrachtung der Schichtdicke ebenfalls auf Quarzglas-Substraten. Die unterschiedlichen Schichtdicken werden durch mehrfache Beschichtung und Pyrolyse erreicht. Die Kristallisation erfolgt erst, sobald alle Schichten appliziert und pyrolysiert sind. Die Schichtdicke wird mittels XRR auf 72 ± 5 nm pro kristalliner LNO-Schicht bestimmt. Die gemessene Leitfähigkeit sowie Mikroskop-Aufnahmen der Schichten sind in Bild 35 dargestellt. Die amorphen Schichten weisen nach der Pyrolyse nur bei einer Schichtdicke von 288 nm geringfügige Risse auf. Nach der Kristallisation können bereits ab einer Schichtdicke von 144 nm Risse beobachtet werden. Diese Risse führen dazu, dass über die Messtrecke von 1 mm (Distanz der Messspitzen bei der 4-Punkt-Messung) keine Leitfähigkeit nachgewiesen werden kann. Bei größeren Schichtdicken sind die Risse zunehmend deutlich ausgeprägt.

Schichtdicke:	72 nm	144 nm	216 nm	288 nm
Risse krist. Schicht:	nein	ja	ja	ja
Leitfähigkeit:	227 S/cm	---	---	---

Bild 35: Mikroskop-Aufnahmen von amorphen und kristallinen LNO-Schichten auf Quarzglas-Substraten (Aufsicht) unterschiedlicher Schichtdicke. Die Leitfähigkeit wird mittels 4-Punkt-Messung bestimmt. Der Kontrast wurde bei den Bildern erhöht, um die Risse besser sichtbar zu machen.

Mit diesen lichtmikroskopischen Aufnahmen können lediglich Risse und Defekte im Bereich einiger Mikrometer sichtbar gemacht werden. Die beobachteten Risse werden durch den Unterschied der Wärmeausdehnungskoeffizienten zwischen $LaNiO_3$ (8,2 – $16{,}2 \cdot 10^{-6}\,K^{-1}$) und Quarzglas ($0{,}55 \cdot 10^{-6}\,K^{-1}$) hervorgerufen (vgl. Tabelle 4). Um einen besseren Eindruck der Mikrostruktur dieser Schichten zu erhalten, wird von der dicksten Schicht (Schichtdicke: 288 nm, Bild 35) eine Bruchkante erzeugt und diese mittels Rasterelektronenmikroskopie analysiert. Die Aufnahme der Bruchkante ist in Bild 36 dargestellt. Sowohl an der Bruchkante als auch auf der Oberfläche der Schicht ist eine körnige Struktur erkennbar. Die Struktur wird entweder durch die Korngrenzen zwischen den Kristalliten oder durch Mikrorisse hervorgerufen. Der Vergleich der Morphologie dieser Schicht mit den Darstellungen aus anderen

Veröffentlichungen legt jedoch nahe, dass hier die einzelnen Kristallite sichtbar sind [113]. Gleichzeitig können diese Korngrenzen Ausgangspunkte für Mikrorisse darstellen, da dort die mechanische Integrität der Schicht geschwächt ist. Die im Bild markierten hügelförmigen Inhomogenitäten können durch Unregelmäßigkeiten während der Beschichtung oder Pyrolyse, beispielsweise durch das Abdampfen von Lösungsmitteln oder durch freiwerdende Reaktionsgase, hervorgerufen werden.

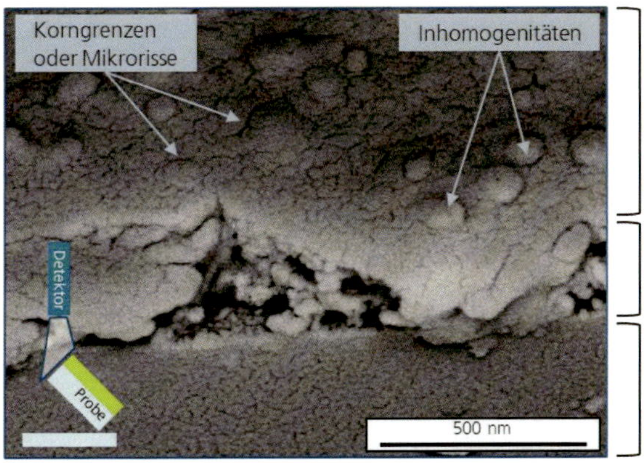

Bild 36: REM-Aufnahme der Bruchkante einer kristallinen, 288 nm dicken LNO-Schicht auf Quarzglas-Substrat. Die Probe ist für die Aufnahme unter einem Winkel von 45° angestellt. Der Detektor (D) steht senkrecht über der Bruchkante (siehe kleine Darstellung im Bild).

Die Größen der entstandenen Kristallite können aufgrund der begrenzten Auflösung des Rasterelektronenmikroskops nicht bestimmt werden. Aus der Literatur ist jedoch bekannt, dass sich die Schichtdicken auch darauf auswirken kann. Liegt die Schichtdicke im Bereich der Kristallitgröße, spielen energetische Effekte eine Rolle. Begrenzen Substrat (nach unten) und Grenzfläche zur Atmosphäre (nach oben) das Kristallwachstum, muss viel Energie aufgebracht werden, um die zusätzlichen entstehenden Oberflächen auszubilden. Dieser Effekt wird für anorganische Halbleiter-Dünnschichten von Thompson eingehend beschrieben [114]. Entsprechend diesem Model haben Hu et al. 2003 gezeigt, dass die Kristallitgröße von dünnen LNO-Schichten mit steigender Schichtdicke ebenfalls zunimmt [72]. Mechanische Spannungen zwischen LNO-Schicht und Substrat können ebenfalls die elektrische Leitfähigkeit beeinflussen. Diese Spannung kann in keramischen Dünnschichten über die Schichtdicke einen Gradienten aufweisen [71]. Dadurch hat die Schichtdicke auch einen Einfluss auf die mechanischen Spannungen in dünnen LNO-Schichten. Fowlie et al. haben 2017 gezeigt, dass die höchsten spezifischen Leitfähigkeiten von $6{,}3 \cdot 10^3$ S/cm für $LaNiO_3$-Schichten auf LAO-Substraten ($LaAlO_3$) mit einer Dicke von 10 Einheitszellen (~3,84 nm) erreicht werden [115].

Die Ergebnisse in diesem Kapitel zeigen, dass bei der Kristallisation von LNO auf Quarzglas-Substraten mechanische Spannungen auftreten können, die zu Rissen in den Schichten führen. Dadurch nimmt die spezifische Leitfähigkeit der Schichten mit zunehmender Schichtdicke ab. Um LNO-Schichten mit hoher elektrischer Leitfähigkeit herzustellen, sollten demnach Substrate verwendet werden, welche einen ähnlichen Wärmeausdehnungskoeffizienten wie $LaNiO_3$

aufweisen. Alternativ können Puffer-Schichten verwendet werden, die den Spannungsgradienten zwischen $LaNiO_3$ und Substrat reduzieren. Dieser Effekt kann bei der laserbasierten Kristallisation eine Rolle spielen, da hier hohe Aufheiz- und Abkühlraten erreicht werden und sich somit Spannungen nicht durch Diffusionsvorgänge abbauen können. In dieser Arbeit wird der Fokus auf günstigen und thermisch belastbaren Substraten wie platinierte Si-Wafer und Quarzglas gelegt, daher werden keine Versuche mit anderen Substratmaterialien wie STO oder LAO durchgeführt, welche eingesetzt werden, um maximale Leitfähigkeiten zu erreichen.

6.3 Zeitabhängigkeit des Kristallisationsprozesses von LNO

Ein Ziel dieser Arbeit ist die Reduktion der Verfahrensdauer durch den Einsatz von Laserstrahlung zur Kristallisation dünner LNO-Schichten. Die Umsetzung dieses Zieles erfordert ein tiefgreifendes Verständnis der Zeitabhängigkeit der Kristallisation von LNO. Nach dem derzeitigen Stand der Technik erfolgt die Kristallisation von dünnen LNO-Schichten oder polykristallinem LNO-Pulver bei Kristallisationszeiten zwischen einigen Minuten und mehreren Stunden (vgl. Tabelle 2). Veröffentlichungen, die sich mit den zugrundeliegenden Effekten oder der Reduktion der Kristallisationszeit befassen, sind derzeit nicht bekannt.

Um quantitative Aussagen über die Zeitabhängigkeit der Kristallisation von LNO treffen zu können, werden zeitabhängige XRD-Messungen durchgeführt. Dazu werden Quarzglas-Substrate mittels Spincoating mit Nitrat-Lösung (vgl. Kapitel 5.1) beschichtet und in möglichst kurzer Zeit mithilfe eines, in das Röntgendiffraktometer integrierten Heizelements auf die Kristallisationstemperatur von 750 °C (Schichttemperatur) erhitzt und anschließend in einem isothermen Prozess kristallisiert. Dabei wird die Intensität eines ausgewählten Röntgenreflexes (110 bei 32,5°) zeitaufgelöst gemessen. Der verwendete Röntgendetektor hat einen Akzeptanzwinkel von 2,9° und wird für die Messung vollständig geöffnet. Dadurch wird die integrale Intensität des Reflexes über diesen Winkelbereich gemessen. So wird verhindert, dass lediglich das Maximum des Reflexes den eingestellten Messwinkel durchwandert. Durch den großen Öffnungswinkel des Detektors kann auch eine Verschiebung des Reflexes, welcher durch die thermische Ausdehnung der Probe während der Messung auftreten kann, ausgeglichen werden. Zur Bestimmung der Zeitabhängigkeit der Leitfähigkeit werden in einem zweiten Versuch Proben, entsprechend dem Vorgehen aus Kapitel 4.2, in zeitlichen Intervallen thermisch behandelt und elektrisch charakterisiert. Dieses Vorgehen führt zu einem Fehler aufgrund der, für die elektrische Charakterisierung bei Raumtemperatur notwendigen Aufheiz- und Abkühlvorgänge. Daher weisen diese Proben eine andere thermische Historie auf als die Proben aus der XRD-Messung. Daher darf die am Ende erreichte, maximale Leitfähigkeit nicht mit Schichten verglichen werden, die ohne Unterbrechung kristallisiert werden. Die Untersuchung soll lediglich den Verlauf der Leitfähigkeit über die Zeit zeigen. Daher wird der erzeugte Fehler in Kauf genommen. Die Änderung der Intensität des ausgewählten Röntgenreflexes, der Temperaturverlauf, die Leitfähigkeit sowie ein Referenz-Diffraktogramm sind in Bild 37 dargestellt. Das Referenzspektrum wird an einer vollständig kristallinen Probe gemessen, um die Lage des gewählten Reflexes genau zu bestimmen. Für die Messung wird der (110)-Reflex der $LaNiO_3$-Phase verwendet, da dieser im Röntgendiffraktogramm deutlich ausgeprägt ist. Die temperaturabhängige

Verschiebung dieses Reflexes zu kleineren Winkeln durch die thermische Ausdehnung der Probe ist in der dargestellten Messung bereits korrigiert. Die Kristallisationstemperatur von 750°C wird nach ca. 40 Sekunden erreicht und steigt dann nur noch leicht auf ca. 760°C an. Der Verlauf der relativen Intensität des (110)-Reflexes hingegen zeigt eine deutliche Zunahme. Nach 7 Minuten wird der Versuch beendet da die relative Intensität kaum noch ansteigt und eine Überhitzung des Messgeräts durch das integrierte Heizelement verhindert werden muss.

Bild 37: Zeitabhängige Ausbildung des (110)-Reflexes sowie der Leitfähigkeit bei der Kristallisation von LNO. Das Referenzspektrum wird an einer vollständig kristallisierten LNO-Schicht gemessen. Die Schichtdicke der untersuchten Schicht beträgt. 144 nm.

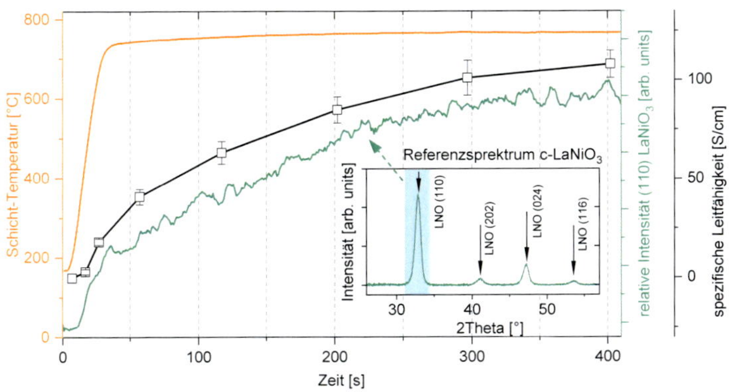

Die Ergebnisse der Messungen zeigen, dass die Kristallisation der $LaNiO_3$-Phase eine ausgeprägte zeitliche Komponente beinhaltet und der Kristallisationsprozess bei konstanter Kristallisationstemperatur mehrere Minuten in Anspruch nimmt. Dieser Zusammenhang erklärt auch, warum veröffentlichte Kristallisationszeiten für $LaNiO_3$ meist mehrere Minuten oder Stunden betragen. Eine Grund für dieses träge Kristallisationsverhalten könnte darin liegen, dass für die Ausbildung stöchiometrischer $LaNiO_3$-Kristallite ausreichend Sauerstoff in der Schicht vorhanden sein muss. Berini et al. haben für kristalline $LaNiO_3$-Schichten Diffusionskoeffizienten für Sauerstoff von $4{,}2 \cdot 10^{-14}\,cm^2/s$ (200 °C) und $1{,}1 \cdot 10^{-13}\,cm^2/s$ (350 °C) berechnet. Die Ergebnisse aus Kapitel 4 weisen jedoch eher darauf hin, dass der notwendige Sauerstoff nach der Pyrolyse bereits in der Schicht vorhanden, jedoch in stabilen Phasen wie NiO und La_2O_3 gebunden ist. Die Kristallisation aus diesen stöchiometrischen Phasen könnte der Grund für das träge Kristallisationsverhalten sein.

Für eine schnelle, laserbasierte Kristallisation stellt dieser Zusammenhang eine Herausforderung dar. Wechselwirkungszeiten zwischen Laserstrahl und Schicht von mehreren Minuten sind zwar grundsätzlich möglich, führen aber zu langen Verfahrenszeiten und einem hohen Energieeintrag in die Schicht und das Substrat. Eine Steigerung der Kristallisationstemperatur könnte den Kristallisationsprozess beschleunigen, zu hohe Prozesstemperaturen führen jedoch zur Auflösung der leitfähigen $LaNiO_3$-Phase, wie in Kapitel 6.4 bereits diskutiert. Daher müssen andere Einflussfaktoren identifiziert werden, die die Bildung von $LaNiO_3$ auch bei kurzen Zeiten fördern.

Die in Bild 37 dargestellten Ergebnisse lassen nur eingeschränkte Rückschlüsse auf die Vorgänge bei der Kristallisation von LNO zu. Für ein besseres Verständnis werden vollständige Röntgendiffraktogramme von LNO-Schichten nach unterschiedlichen Kristallisationszeiten aufgenommen. Um deutlich ausgeprägte Röntgenreflexe zu generieren, wird eine Schicht mit einer Schichtdicke von 288 nm verwendet. Aufgrund von Rissbildung ist daher keine Leitfähigkeitsmessung möglich. Die Probe wird für die angegebenen Zeiten bei der Kristallisationstemperatur gehalten und für die Messung auf Raumtemperatur abgekühlt. Die Ergebnisse dieser Untersuchung sind in Bild 38 dargestellt. Angegeben sind die kumulierten Kristallisationszeiten für eine Probe. Im amorphen Zustand, also nach 0 s Kristallisationszeit, ist lediglich der breite Reflex des amorphen Substrates sichtbar. Bereits nach dem ersten Kristallisationsschritt (5 s) sind deutlich ausgeprägte Reflexe erkennbar. Mit zunehmender Kristallisationszeit verschieben sich die Reflexpositionen, bis nach ca. 180 s die Reflexe einer $LaNiO_3$-Phase dominieren. Für die Identifikationen der auftretenden Phasen werden das Diffraktogramm sowie die Referenzreflexe aus Bild 39 verwendet.

Bild 38: Röntgendiffraktogramme einer 288 nm dicken LNO-Schicht auf Quarzglas-Substrat nach unterschiedlichen kumulierten Kristallisationszeiten. Die Kristallisation erfolgt unter Raumluft auf einem Heizelement bei 750 °C Schichttemperatur (Temperatur Heizelement: 900 °C).

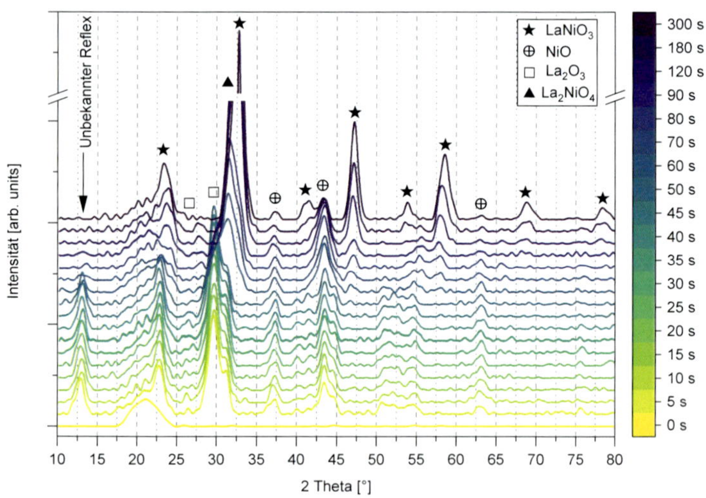

Die Diffraktogramme aus Bild 38 zeigen, dass LNO-Schichten bereits nach wenigen Sekunden bei einer Temperatur von 750 °C die kristallinen Phasen La_2O_3 und NiO ausweisen. Erst die Umwandlung dieser Phasen zu kristallinem $LaNiO_3$ scheint ein deutlich zeitabhängiger Prozess zu sein. Die ersten Arbeiten aus den 80er Jahren zu LNO als potenziell interessantem Funktionsmaterial geben bereits einen Hinweis auf dieses Verhalten. Odier et al. synthetisieren $LaNiO_3$ aus den pulverförmigen Ausgangsstoffen La_2O_3 und NiO, welche über längere Zeit bei hohen Temperaturen kalziniert werden [32]. Um die Röntgenreflexe aus Bild 38 besser möglichen Kristallphasen zuordnen zu können, werden alle Diffraktogramme addiert. Dadurch können systematisch auftretende Reflexe verstärkt und das Signal-Rauschverhältnis vergrößert werden. Das addierte

Diffraktogramm sowie die Positionen von bekannten Phasen aus dem La-Ni-O-System sind in Bild 39 dargestellt.

Bild 39: Addierte Röntgendiffraktogramme aus Bild 38. Die Reflexe der Referenzphasen im unteren Teil des Bildes sind der „Crystallographic Open Database (COD)" entnommen und theoretisch berechnet. Die Referenzphasen sind dabei jeweils mit der Identifikationsnummer der COD versehen und können auf der Homepage eingesehen werden [116–124].

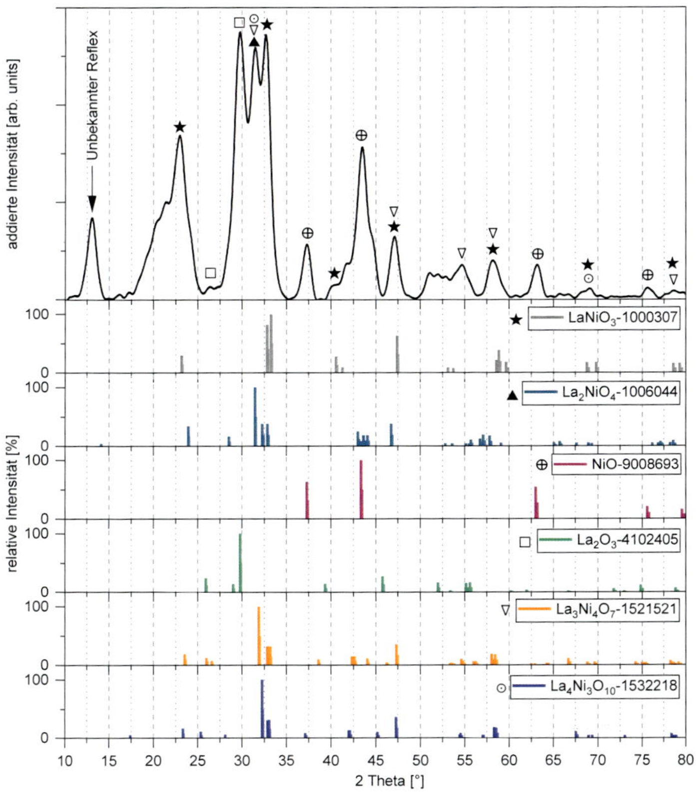

Die bekannten Phasen sind bereits im Phasendiagramm (Bild 5) aufgeführt. Die Reflexpositionen der Referenzphasen sind der „Crystallographic Open Database" entnommen [116–124]. Aus Gründen der Übersichtlichkeit sind Reflexe mit sehr geringen Intensitäten nicht aufgeführt. Die Zuordnung der Phasen zu dem addierten Diffraktogramm erfolgt manuell. Da manche Phasen ausgeprägte Reflexe bei ähnlichen Winkeln aufweisen, ist in diesen Fällen die Zuordnung nicht eindeutig möglich. Neben den bekannten und stabilen Phasen aus dem La-Ni-O-System tritt außerdem ein Reflex bei 13,0° auf, welcher in der Literatur nicht beschrieben ist. Lediglich die $La_4Ni_3O_{10}$-Phase weist dort einen Reflex, allerdings mit geringer Intensität auf.

Weng et al. haben 2011 mit einer ähnlichen Methode gezeigt, dass sich auch bei niedrigen Temperaturen (700 °C) verschiedene Phasen aus dem La-Ni-O-System bilden, obwohl diese nach dem Phasendiagramm in Bild 5 erst bei höheren Temperaturen stabil sind [125]. Die Bildung von $LaNiO_3$ ist demnach nicht nur von den thermodynamischen Voraussetzungen, sondern auch von weiteren Faktoren wie Elementen-Verteilung und Diffusionsprozessen abhängig.

Die zeitaufgelöste Aufnahme der Röntgendiffraktogramme, wie sie in Bild 38 dargestellt ist, erlaubt eine Abschätzung der zeitabhängigen Bildung unterschiedlicher Phasen aus dem La-Ni-O-System. Dafür werden charakteristische Reflexe aus Bild 38 integriert und über die Zeit aufgetragen. Bei doppelt belegten Reflexen (vgl. Bild 39) wird der Referenzreflex mit der höheren Intensität zugeordnet. Für diese Auswertung können nur die Reflexe verwendet werden, die sich nicht mit anderen Reflexen überlagern, wie es beispielsweise im Winkelbereich 27 – 35° der Fall ist. Das Integral der Reflexe wird jeweils auf eins normiert, um die Änderung der integrierten Intensität über der Zeit besser sichtbar zu machen. Die Ergebnisse für charakteristische Reflexe aus dem La-Ni-O-System sind in Bild 40 dargestellt. Durch das Rauschen der Messung weisen die abgeleiteten Intensitäten Abweichungen auf. Trotzdem ist eine deutliche Tendenz zu erkennen. Die Reflexe, die der $LaNiO_3$-Phase zugeordnet werden können, sind erst bei thermischer Behandlung nach 100 s zu messen. Der Phasenanteil und damit die integrierte Intensität nimmt bis zum Ende der thermischen Behandlung zu. Weiterhin können La_2O_3- und NiO-Phasen nachgewiesen werden. Beide Phasen entstehen direkt beim ersten Zeitschritt nach 5 s. Die normierte Intensität der La_2O_3-Reflexes nimmt nach 50 s deutlich ab und verschwindet fast vollständig. Der NiO-Reflex hingegen nimmt nach 50 s weiter zu und sinkt erst nach 100 s langsam ab. Der unbekannte Reflex bei 13° verhält sich ähnlich wie der La_2O_3-Reflex und fällt nach 50 s schnell ab.

Bild 40: Normierte Intensitäten von charakteristischen Reflexen aufgetragen über die kumulierte Zeit. Grundlagen der Berechnung sind die Daten aus Bild 38.

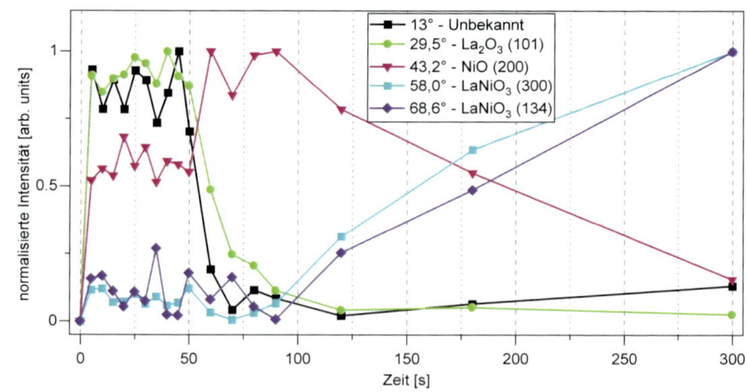

Diese Auswertung liefert nur ein unvollständiges Bild der zeitabhängigen Phasenbildung im La-Ni-O-System, da aufgrund der Breite der Reflexe und deren teilweise Überlagerung nicht alle Reflexe und Phasen bestimmt werden können. Die Entwicklung der charakteristischen Reflexe über der Zeit, welche eindeutig zugeordnet und ausgewertet werden können, liefert trotzdem ein aufschlussreiches Bild der atomaren Vorgänge, die während der Kristallisation von $LaNiO_3$ ablaufen.

In Bild 41 sind diese Abläufe schematisch und vereinfacht dargestellt. Aus den oben gezeigten Messergebnissen kann abgeleitet werden, dass nach der Pyrolyse eine amorphe Schicht der Ionen von Lanthan, Nickel und Sauerstoff vorliegt. Dieses amorphe Gitter kann ionischen Bindungscharakter aufweisen, verfügt jedoch nicht über eine Fernordnung, die mittels Röntgenbeugung nachgewiesen werden könnte. Beim schnellen Aufheizen dieser amorphen Schicht auf die Kristallisationstemperatur, im Fall der gezeigten Ergebnisse 750 °C, entstehen innerhalb weniger Sekunden NiO- und La_2O_3-Kristallite in der Schicht. Andere Phasen aus dem La-Ni-O-System, wie sie in Bild 39 bereits dargestellt sind, können nicht mit Sicherheit nachgewiesen werden. Sie können jedoch für die nicht zuordbaren oder schwach ausgeprägten Reflexe verantwortlich sein und metastabile Stöchiometrien aufweisen, die bisher nicht in der Literatur oder den vorhandenen Datenbanken beschrieben sind. Mit fortschreitender Kristallisation findet ein diffusionsgetriebener Ionenaustausch zwischen den Kristalliten (La und Ni) sowie zwischen Schicht und Gasatmosphäre statt. Dieser Vorgang ist ausführlich von Adachi et al. beschrieben und stimmt mit dem unten dargestellten, schematischen Ablauf überein [126]. Am Ende der Kristallisation, in den oben dargestellten Versuchen nach ca. 5 Minuten, ist der Ionenaustausch abgeschlossen und $LaNiO_3$-Kristallite sind entstanden. Geringe Anteile von NiO-Phase können jedoch auch nach dieser Zeit im Röntgendiffraktogramm nachgewiesen werden. Eine mögliche Erklärung ist die Bildung von geringen Anteilen von La_2NiO_4 und NiO aus $LaNiO_3$. Entsprechend dem Phasendiagramm aus Bild 5 entstehen $LaNiO_3$ und NiO bei einem La/Ni-Verhältnis von <1, also einem Nickel-Überschuss. Dieser Fall tritt ein, wenn auch in der Präkursorlösung ein Nickel-Überschuss vorliegt oder Lanthan im Laufe der Kristallisation verdampft.

Bild 41: Schematische Darstellung der atomaren Abläufe bei der isothermen Kristallisation von LNO-Schichten.

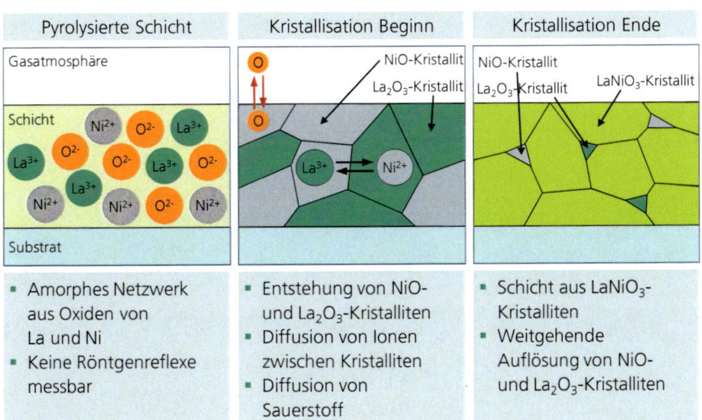

Die experimentellen Untersuchungen in diesem Kapitel zeigen, dass die Kristallisation einer $LaNiO_3$-Phase aus La- und Ni-Präkursoren eine zeitabhängige Komponente aufweist. Stöchiometrisches $LaNiO_3$ bildet sich erst nach einigen Minuten über den Zerfall von anderen Verbindungen aus dem La-Ni-O-System (NiO, La_2O_3 usw.). Neben den thermodynamischen Grenzen spielen Effekte wie

Diffusion und Verteilung der Elemente in der Schicht eine wichtige Rolle. Dieser Zusammenhang stellt für eine schnelle, laserbasierte Kristallisation eine Herausforderung dar und wird in Kapitel 8 eingehend untersucht.

6.4 Temperaturabhängigkeit des Kristallisationsprozesses von LNO

Der Kristallisationsprozess von dünnen LNO-Schichten hängt neben der Kristallisationszeit auch maßgeblich von der Kristallisationstemperatur ab. Aus den Prozessbedingungen bei der konventionellen Kristallisation von LNO, in z.B. einem Ofen oder mittels Heizelement, können erste Rückschlüsse auf die Wirkzusammenhänge und Prozessbedingungen bei der laserbasierten Kristallisation gezogen werden. Für die Untersuchung des Einflusses der Kristallisationstemperatur werden dünnen LNO-Schichten mittels Spincoating auf Quarzglas-Substrate appliziert. Die Herstellung der Proben erfolgt entsprechend Kapitel 4.2. Die Kristallisation der Schichten erfolgt mit einem Heizelement unter Variation der Temperatur bei Kristallisationszeiten von jeweils 10 min. Die Temperaturen werden dabei zwischen 500 °C und 1000 °C variiert. Die Ergebnisse aus dem vorherigen Kapitel belegen, dass nach dieser Zeit eine vollständige Kristallisation der Schichten erreicht ist (z.B. bei 750 °C). Die Schichten werden anschließend mittels Röntgendiffraktometrie, Leitfähigkeitsmessungen und UV-VIS-NIR-Spektroskopie bei Raumtemperatur charakterisiert und die Ergebnisse in Abhängigkeit der Temperatur ausgewertet.

In Bild 42 sind die Röntgendiffraktogramme für die verwendeten Temperaturen dargestellt. Die Winkel der möglichen Phasen sind dabei Bild 39 entnommen und mit der COD abgeglichen. Die ersten Reflexe können bereits nach der Kristallisation bei 550 °C nachgewiesen werden und entweder einer $LaNiO_3$- oder einer $La_4Ni_3O_{10}$-Phase zugeordnet werden. Mit zunehmender Temperatur steigt die Anzahl der Peaks und nachweisbaren Phasen. Bei 1000 °C ist die $LaNiO_3$-Phase vollständig in NiO-, La_2NiO_4-, $La_4Ni_3O_{10}$- und eine unbekannte Phase zerfallen. Dieses Ergebnis steht im Widerspruch mit den prognostizierten Phasen aus Tabelle 1 bzw. dem Phasendiagramm in Bild 5. Dieser Unterschied könnte durch unterschiedliche Gasatmosphären, andere Schichtdicken und Substrate, andere Präkursoren oder andere Kristallisationszeiten hervorgerufen werden. Der nicht zuordenbare Reflex bei 13 ° ist im Gegensatz zu den Ergebnissen aus Bild 38 bei einer Temperatur von 750 °C nach 10 Minuten noch vorhanden. Diese Beobachtung weist darauf hin, dass die Schichtdicke einen Einfluss auf die Phasenbildung haben kann.

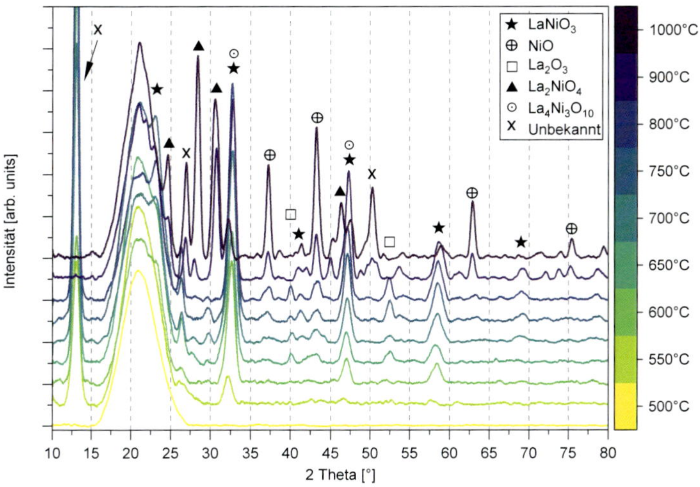

Bild 42: Röntgendiffraktogramme von 144 nm dicken LNO-Schichten nach der konventionellen Kristallisation mittels Heizelementbei unterschiedlichen Temperaturen nach 10 Minuten. Charakteristische Reflexpositionen sind basierend auf den Referenzreflexen aus Bild 39 bestimmt und markiert.

Um die temperaturabhängige Entwicklung der dominanten Phasen $LaNiO_3$, NiO und La_2NiO_4 besser sichtbar zu machen, werden entsprechend des Vorgehens in Kapitel 6.3 charakteristische Reflexe integriert, auf 1 normiert und über die Temperatur aufgetragen. Außerdem werden die elektrische Leitfähigkeit sowie die optischen Eigenschaften der Schichten untersucht. Die Ergebnisse sind in Bild 43 dargestellt. Die elektrische Leitfähigkeit nimmt bis zu einer Temperatur von 600 °C zu und erreicht einen Wert von 300 S/cm (Bereich 1). Bei dieser Temperatur ist allerdings die relative Intensität der Röntgenreflexe der $LaNiO_3$-Phase gering. Die optischen Eigenschaften ändern sich in Bereich 1 deutlich. Reflektions- und Absorptionsgrad nehmen zu, während der Transmissionsgrad abnimmt. In Bereich 2 nimmt die Leitfähigkeit, trotz Zunahme der relativen Intensität der $LaNiO_3$-Phase, ab 600 °C deutlich ab.

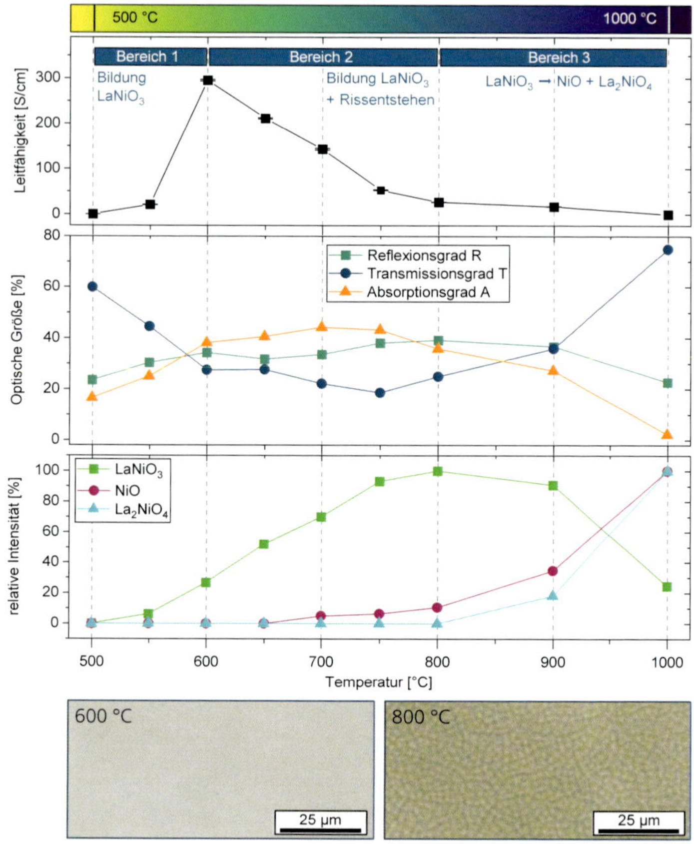

Bild 43: Abhängigkeit der elektrischen Leitfähigkeit, der optischen Eigenschaften (Wellenlänge λ=980 nm) und der relativen Intensität der, im Röntgenbeugungsmuster nachgewiesenen Phasen, von der Temperatur (500 – 1000 °C). Für die Untersuchungen werden gespincoatete LNO-Schichten (144 nm Schichtdicke) auf Quarzglas-Substraten verwendet und in Luft auf einem Heizelement für 10 Minuten kristallisiert. Die dargestellten Daten werden bei Raumtemperatur gemessen. Unten: Mikroskopische Aufnahme (Aufsicht) von kristallisierten Schichten bei 600 und 800 °C.

Die relative Intensität der $LaNiO_3$-Phase nimmt zwischen 600 und 800 °C weiter zu, während ab ca. 700 °C auch eine NiO-Phase nachgewiesen werden kann. Die optischen Eigenschaften ändern sich in diesem Bereich nur geringfügig. In Bereich 3 (800 – 1000 °C) nehmen die relativen Intensitäten der NiO- und La_2NiO_4-Phase zu, während die $LaNiO_3$-Phase vollständig umgewandelt wird. Diese Änderung ist auch deutlich in der Veränderung der optischen Eigenschaften zu erkennen. Bei 1000 °C sind die Schichten fast vollständig transparent, der Absorptionsgrad der beschichteten Proben sinkt auf unter 5% ab. In Bereich 3 kann keine Leitfähigkeit mehr nachgewiesen werden. Ganz unten in Bild 43 sind mikroskopische Aufnahmen von Schichten dargestellt, die bei 600 bzw. 800 °C bearbeitet sind. Bei der Kristallisation bei 800 °C können Risse in der Schicht beobachtet werden.

Die Bildung und Intensität der Röntgenreflexe der $LaNiO_3$-Phase und die Leitfähigkeit in Abhängigkeit der Kristallisationstemperatur stehen bei dieser Untersuchung im Widerspruch zueinander. Nach der aktuellen Literatur, den Ergebnissen der Röntgendiffraktometrie und den optischen Eigenschaften der Proben, sollte der Bereich der höchsten Leitfähigkeit zwischen ca. 650 und 800 °C liegen, je nach verwendeten Substraten und Verfahrensparametern (vgl. Tabelle 2). Der deutliche Abfall der Leitfähigkeit im Bereich 2 ist daher auf die unten in Bild 43 dargestellten Risse in den Schichten zurückzuführen. Die Materialeigenschaften (Phasenzusammensetzung und optische Eigenschaften) bleiben dabei erhalten, während die Leitfähigkeit bei der Messung über die Messstrecke (1 mm) beeinträchtigt wird. Diese Risse entstehen durch die unterschiedlichen thermischen Ausdehnungskoeffizienten von $LaNiO_3$ ($8{,}2 \cdot 10^{-6}$ – $16 \cdot 10^{-6}$) und dem verwendeten Quarzglas-Substrat ($0{,}55 \cdot 10^{-6}$). Dieser Zusammenhang ist bereits in Kapitel 6.1 und 6.2 dargestellt und führt in diesem Versuch zu makroskopischen Rissen in den Schichten. Wie in Tabelle 4 dargestellt führt eine geringe Differenz der thermischen Ausdehnungskoeffizienten (Saphir – $LaNiO_3$) zu höheren Leitfähigkeiten. Die Rissbildung wird auch von Ling et al. beschrieben, in deren Arbeit $LaNiO_3$-Schichten nasschemisch auf Si-Substraten abgeschieden und kristallisiert werden [38]. In Bereich 2, vor allem zwischen 650 und 700 °C, können optisch keine Risse nachgewiesen werden. Der Abfall der Leitfähigkeit kann in diesem Fall entweder durch sehr feine Risse hervorgerufen werden, die mittels Lichtmikroskopie nicht sichtbar gemacht werden können, oder durch eine spannungsbedingte Verzerrung des Kristallgitters der $LaNiO_3$-Phase. Diese Verzerrung führt zu einer Verkippung der NiO_6-Oktaeder und damit zu einer Reduktion der Leitfähigkeit [112]. Der Abfall der Leitfähigkeit in Bereich 2 könnte auch durch die bevorzugte Ausscheidung von NiO an den Korngrenzen hervorgerufen werden. Dabei würden sich um die $LaNiO_3$-Kristalliten nichtleitende NiO-Schalen bilden, welche eine zusätzliche Potentialbarriere zwischen den Kristalliten darstellen und die Leitfähigkeit senken könnten. Dieser Effekt kann allerdings mit den zur Verfügung stehenden Messmethoden nicht nachgewiesen werden. Auch Diffusionseffekte zwischen dem Quarzglas und den LNO-Schichten können zur Bildung von nichtleitenden Phasen führen, wie in [50] am Beispiel von $LaNiO_3$ auf Glaskeramik-Substraten gezeigt. Die deutliche Änderung der optischen Eigenschaften in Abhängigkeit der Temperatur wird durch die Entstehung von frei beweglichen Elektronen bei der Kristallisation von leitfähigem $LaNiO_3$ hervorgerufen. Diese deutliche Abhängigkeit von der Temperatur stellt eine Herausforderung für die Entwicklung eines Verfahrens zur laserbasierten Kristallisation von LNO dar und wird in Kapitel 7 eingehend untersucht und diskutiert.

Die Leitfähigkeit, die optischen Eigenschaften sowie die Phasenzusammensetzung dünner LNO-Schichten hängen von der Temperatur ab. Bei der Betrachtung dieser Abhängigkeit muss zwischen intrinsischen Materialeigenschaften (z.B. Phasenzusammensetzung) und Schichteigenschaften (z.B. Rissbildung) unterschieden werden. Beide Eigenschaften sind für die gewählte Zielgröße der Leitfähigkeit entscheidend, werden jedoch durch unterschiedliche Faktoren beeinflusst (vgl. Bild 33). Die experimentellen Untersuchungen in diesem Kapitel bestätigen, dass neben der Kristallisationstemperatur auch das Substrat und dessen Einfluss auf die Leitfähigkeit bei der Verfahrensentwicklung beachtet werden muss. Das schnelle Aufheizen und Abkühlen bei der Kristallisation mittels Laserstrahlung kann die Bildung von thermisch induzierten Spannungsrissen verstärken. Auch die deutliche Veränderung der optischen Eigenschaften während der Kristallisation kann, abhängig von der eingesetzten Laserwellenlänge, eine Herausforderung darstellen.

6.5 Einfluss der Gasatmosphäre auf die Kristallisation von LNO

Die Gasatmosphäre spielt bei der Kristallisation von keramischen Dünnschichten ebenfalls eine wichtige Rolle. Vor allem der Sauerstoffpartialdruck beeinflusst bei der Kristallisation dünner LNO-Schichten deren physikalische Eigenschaften. Daher werden LNO-Schichten im konventionellen RTA-Prozess häufig unter reinem Sauerstoff kristallisiert. Dadurch kann die Konzentration von Sauerstoff-fehlstellen im Kristall reduziert und die Leitfähigkeit erhöht werden [127]. Bei der Kristallisation von LNO mittels Laserstrahlung auf kurzen Zeitskalen von wenigen Sekunden, können diffusionsgetriebene Prozesse, wie die Gasdiffusion in die LNO-Schicht hinein, ein einschränkender Faktor sein. In diesem Kapitel wird daher die Kristallisation von dünnen LNO-Schichten auf Quarzglas-Substraten bei unterschiedlichen Gasatmosphären untersucht. Die Kristallisation der Schichten erfolgt in der in Bild 19 dargestellten Prozesskammer, die je Versuchsreihe mit den Prozessgasen Sauerstoff (O_2), Stickstoff (N_2) und Argon (Ar) gefüllt wird. Die Proben werden bei Raumtemperatur in die Prozesskammer eingelegt, anschließend werden die jeweiligen Prozessgas eingeleitet. Für die Gase Argon und Stickstoff wird der Sauerstoffpartialdruck auf unter 0,01 ppm eingestellt. Dann werden die pyrolysierten Proben mit einer Heizrate von 4 K/s auf 600 °C erhitzt und für 10 Minuten kristallisiert. Anschließend wird das Heizelement ausgeschaltet und die Proben unter dem jeweiligen Prozessgas auf 300 °C abgekühlt. Die Proben werden mittels Leitfähigkeitsmessung und Röntgendiffraktometrie charakterisiert.

Die gemessenen Röntgendiffraktogramme der jeweiligen Proben sind in Bild 44 dargestellt. In reiner Sauerstoffatmosphäre kristallisierte Schichten weisen eine spezifische Leitfähigkeit von $4{,}8 \cdot 10^2$ S/cm auf und liegen damit deutlich über der Leitfähigkeit einer Referenzprobe ($3{,}0 \cdot 10^2$ S/cm). Die Referenzprobe wird unter den gleichen Bedingungen aber in Luft kristallisiert.

Bild 44: Röntgendiffraktogramme von LNO-Schichten (Schichtdicke: 72 nm) welche unter verschiedenen Gasatmosphären kristallisiert werden. Als Referenz sind die Spektren von $LaNiO_3$, La_2NiO_4 und NiO aufgeführt.

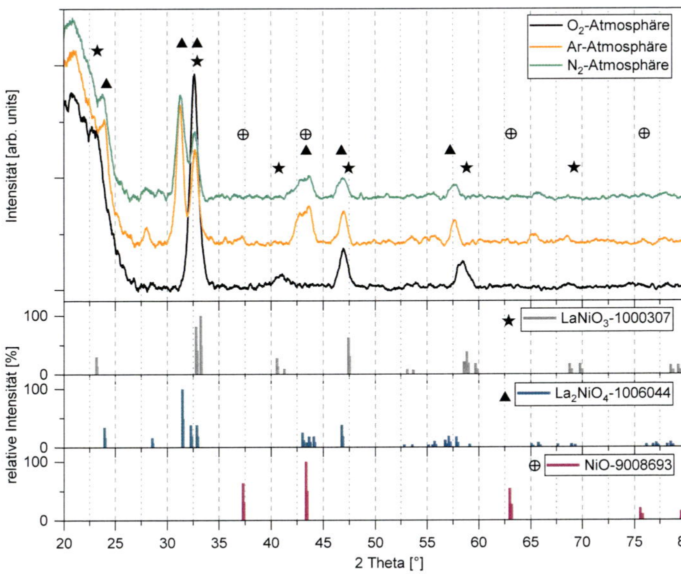

Das Röntgendiffraktogramm der in Sauerstoffatmosphäre prozessierten Probe zeigt lediglich die Reflexe einer $LaNiO_3$-Phase ohne deutlich identifizierbare Nebenphasen. Die leichte Verschiebung der Reflexpositionen im Vergleich zur Referenz kann durch Spannungen im $LaNiO_3$-Gitter hervorgerufen werden, wie bereits im vorigen Kapitel erläutert. Die Proben, die unter Ar- und N_2-Atmosphäre, also unter Ausschluss von Sauerstoff, kristallisiert werden, weisen eine geringe Leitfähigkeit von 0,8 ± 0,5 S/cm (N_2) bzw. 1,3 ± 0,4 S/cm (Ar) auf. Für La_2NiO_4 beschreiben Odier et al. Leitfähigkeiten zwischen 7 und 40 S/cm [32]. Für NiO hängt die Leitfähigkeit von der Temperatur ab und liegt bei Raumtemperatur in der Größenordnung $1 \cdot 10^{-4}$ S/cm [128]. Die gemessenen Werte bewegen sich damit im Bereich zwischen den Literaturwerten für NiO und La_2NiO_4. Beide Diffraktogramme zeigen deutliche Reflexe, die einer La_2NiO_4-Phase zugeordnet werden können. Da sich die Reflexpositionen von La_2NiO_4 und $LaNiO_3$ teilweise überlagern, kann das Vorhandensein einer $LaNiO_3$-Phase nicht vollständig ausgeschlossen werden. Aufgrund der geringen gemessenen Leitfähigkeiten der unter Stickstoff und Argon kristallisierten Schichten ist dieser Fall unwahrscheinlich. Kristallines NiO oder metallisches Nickel kann in keinem der beiden Fälle eindeutig nachgewiesen werden.

Diese Ergebnisse belegen, dass die Entstehung bestimmter Phasen von LNO nicht nur, wie in Kapitel 6.4 bereits eingeführt, von der Temperatur abhängt, sondern auch von der Verfügbarkeit von Sauerstoff während der Kristallisation. Ein Mangel an Sauerstoff kann das Gleichgewicht der Phasenumwandlung bei kleineren Temperaturen zur nicht leitfähigen La_2NiO_4-Phase verschieben. Unter der Annahme, dass Nickel und Lanthan nicht mit den Gasen Stickstoff oder

Argon reagieren, kann außerdem eine Aussage über die Stöchiometrie der Schichten nach der Pyrolyse getroffen werden. Die Ergebnisse der TGA-Messungen aus Kapitel 4.1 (Bild 18) legen nahe, dass die Funktionselemente Lanthan und Nickel nach der Pyrolyse bereits als amorphe Oxide La_2O_3 und NiO bzw. Ni_2O_3 vorliegen. Unter Ausschluss von Sauerstoff kommen unterschiedliche Reaktionsgleichungen in Frage. Abhängig vom Oxidationszustands des Nickels können, unter Beachtung des molaren Verhältnisses von Lanthan zu Nickel von 1:1, bei der thermischen Behandlung die Reaktionen

6.1 $$La_2O_3 + 2\,NiO \rightarrow La_2NiO_4 + NiO$$

6.2 $$La_2O_3 + Ni_2O_3 \rightarrow La_2NiO_4 + NiO + 0{,}5\,O_2 \uparrow$$

6.3 $$La_2O_3 + NiO \rightarrow La_2NiO_4 + Ni$$

ablaufen. Auch Mischformen dieser Reaktion sind denkbar. Diese Reaktionen kommen ohne Sauerstoff aus der Atmosphäre aus. Das bedeutet, dass NiO oder metallisches Nickel entweder in amorpher Form vorliegen oder interstitiell im Gitter gelöst sind. Da die Laserkristallisation auf kurzen Zeitskalen stattfinden soll, besteht dabei die Möglichkeit, dass in der Schicht ähnliche Bedingungen auftreten, wie bei der Kristallisation unter Schutzgas. Bei Sauerstoffmangel, z.B. an der Grenzfläche zwischen LNO-Schicht und Substrat, kann die Bildung einer La_2NiO_4-Phase bereits bei Temperaturen von 600 °C begünstigt werden. Daher ist die Verfügbarkeit von Sauerstoff vor allem bei der laserbasierten Kristallisation ein wichtiger Faktor, um das Gleichgewicht bei der Kristallisation möglichst Richtung $LaNiO_3$-Phase zu verschieben. Dieses Ziel kann z.B. durch die Erhöhung des Sauerstoffpartialdruckes während der Kristallisation erreicht werden.

6.6 Zusammenfassung

Die in Kapitel 6 vorgestellten Ergebnisse zur Untersuchung der Einflussfaktoren bei der konventionellen Kristallisation dünner LNO-Schichten mittels Heizelement lassen sich wie folgt zusammenfassen:

- Die Eigenschaften des verwendeten Substratmaterials (Wärmeausdehnungskoeffizient und Kristallstruktur) wirken sich auf die Leitfähigkeit von darauf applizierten $LaNiO_3$-Schichten aus. Die höchsten Leitfähigkeiten (1090 S/cm) werden dabei an $LaNiO_3$-Schichten auf Saphir-Substraten gemessen. Dies kann auf den geringen Unterschied der thermischen Ausdehnungskoeffizienten von Saphir und $LaNiO_3$ zurückgeführt werden. Für eine laserbasierte Kristallisation ist dieses Substrat allerdings aufgrund der Anisotropie des Wärmeausdehnungskoeffizienten entlang der unterschiedlichen Kristallachsen ungeeignet. Durch unterschiedliche Wärmeausdehnungskoeffizienten zwischen $LaNiO_3$-Schicht und Substrat entstehen mechanische Spannungen, die die Leitfähigkeit der Schichten reduzieren oder zu Rissen führen können. Daher muss entweder ein geeignetes Substrat ausgewählt oder Puffer-Schichten verwendet werden, um den Spannungsgradienten zu reduzieren. Zur Verwendung von Puffer-Schichten sind bisher keine Arbeiten bekannt.

- Die Kristallisation von $LaNiO_3$ läuft über die Entstehung von Zwischenphasen aus dem La-Ni-O-System ab (NiO, La_2O_3 usw.). Durch eingeschränkte Diffusion und thermodynamische Stabilität dieser Vorstufen erfolgt die Kristallisation innerhalb einiger Minuten und kann unter den gewählten Versuchsbedingungen nicht schneller ablaufen.

- Für die Kristallisation von LNO auf Quarzglas-Substraten wird in einem konventionellen Kristallisationsprozess ein Maximum der relativen Intensität der Röntgenreflexe einer $LaNiO_3$ bei 800 °C nachgewiesen. Durch die gleichzeitig entstehenden Spannungen und dadurch induzierten Risse wird das Maximum der elektrischen Leitfähigkeit bei 600 °C gemessen.

- Ist während der Kristallisation kein gasförmiger Sauerstoff verfügbar, kristallisieren dünne LNO-Schichten zu den nichtleitenden Phasen NiO und La_2NiO_4.

Die Ergebnisse aus diesem Kapitel belegen, dass die Kristallisation dünner $LaNiO_3$-Schichten eine komplexe Aufgabe darstellt, in der alle untersuchten Einflussfaktoren betrachtet werden und deren Wechselwirkungen bekannt sein müssen.

7 Bestimmung der optischen Eigenschaften von dünnen LNO-Schichten

Die laserbasierte Kristallisation von dünnen LNO-Schichten setzt die Kenntnis der optischen Eigenschaften des Materials voraus. Aus diesen leiten sich Randbedingungen für die Verfahrensentwicklung, wie geeignete Wellenlänge des eingesetzten Lasers, kompatible Substratmaterialien und geeignete Schichtdicken, ab. Bei der laserbasierten Bearbeitung sind dabei nicht nur die optischen Eigenschaften bei Raumtemperatur, sondern auch deren temperaturabhängige Änderung während des Bearbeitungsprozesses ausschlaggebend. Das Vorgehen zur Bestimmung der optischen Eigenschaften in diesem Kapitel ist in Bild 45 schematisch dargestellt. Im ersten Schritt werden die optischen Eigenschaften einer amorphen (aLNO) und kristallinen (cLNO) Schicht bei Raumtemperatur gemessen und mittels der Software SCOUT der komplexe Brechungsindex $\tilde{n}$ bestimmt. Im zweiten Schritt erfolgt die Bestimmung der temperaturabhängigen optischen Eigenschaften. Dabei wird zwischen der konventionellen Kristallisation mittels Heizelement und der laserbasierten Kristallisation mit einem Diodenlaser unterschieden.

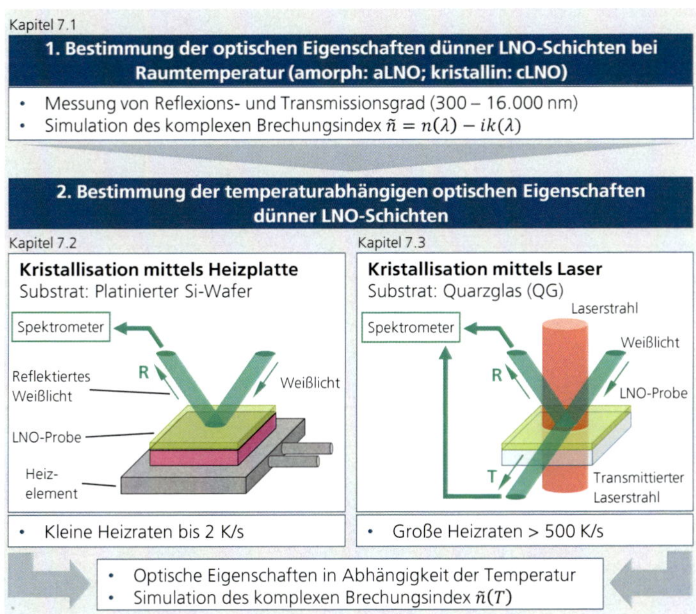

Bild 45: Schematische Darstellung zum Vorgehen bei der Bestimmung der optischen Eigenschaften dünner LNO-Schichten auf platinierten Si-Wafern bzw. auf Quarzglas. Die Bestimmung der optischen Eigenschaften erfolgt in einem Wellenlängenbereich von 350 – 1000 nm.

Zunächst werden amorphe LNO-Schichten (Nitrat-Lösung) auf platinierten Si-Wafern auf einem Heizelement bei Heizraten bis 2 K/s kristallisiert. Bei der Kristallisation mittels Heizelement muss ein nicht transparentes Substrat verwendet werden, da sonst die optischen Eigenschaften des Heizelements mitgemessen werden und die Messung verfälschen. Auf platinierten Si-Wafern kann jedoch die elektrische Leitfähigkeit der Schichten nicht bestimmt werden, da die Platin-Schicht selbst eine hohe elektrische Leitfähigkeit aufweist. Daher erfolgt anschließend der Transfer auf das transparente Modell-Substrat Quarzglas. Wie in Bild 45 dargestellt kann bei der Verwendung von Laserstrahlung zum Heizen der Schichten transparentes Substrat verwendet werden und sowohl der reflektierte als auch der transmittierte Anteil des eingestrahlten Weißlichts gemessen werden. Bei der Verwendung eines Lasers können Heizraten bis > 500 K/s erreicht werden. Die Proben werden im Versuchsaufbau mit fokussiertem Weißlicht beleuchtet und das reflektierte Spektrum mit einem Spektrometer (NIR-Quest) kontinuierlich aufgenommen. Die Spezifikationen des verwendeten Lasersystems, die Intensitätsverteilung im Fokus des Laserstrahls sowie der Aufbau für die temperaturabhängige Messung der optischen Eigenschaften sind in Anhang 11.6 dargestellt. Aus den gemessenen Spektren wird der Brechungsindex für beide verwendeten Schicht-Substrat-Kombination temperaturabhängig ausgewertet.

Bei der Betrachtung der temperaturabhängigen optischen Eigenschaften muss zwischen zwei grundlegenden Effekten unterschieden werden. Zum einen ändern sich die optischen Eigenschaften des Materials durch den Phasenübergang von einem amorphen Isolator zu einem kristallinen Elektrodenleiter (vgl. Bild 43). Zum anderen ändern sich aber auch die optischen Eigenschaften von bereits kristallinem LNO mit der Temperatur, da die freien Elektroden einen maßgeblichen Anteil zu den optischen Eigenschaften beitragen. Deren Eigenschaften wiederum sind über Stoßfrequenz mit Phononen und Beweglichkeit im Kristallgitter eng mit der Temperatur verbunden. Beide Effekte müssen bei der laserbasierten Funktionalisierung beachtet werden. Steigt beispielsweise der Absorptionsgrad der Schicht während der Laserbearbeitung durch die oben genannten Effekte deutlich an, führt dies dazu, dass bei kontinuierlich eingestrahlter Laserstrahlung der absorbierte Teil der eingestrahlten Energie zunimmt. Dadurch steigen die Heizrate und die erreichte Maximaltemperatur an. Dabei können die Schichten beschädigt werden (Risse) oder unerwünschte Phasen entstehen (La_2NiO_4). In diesem Kapitel werden daher die temperaturabhängigen, optischen Eigenschaften von LNO untersucht.

Anmerkung: Einige der Ergebnisse in diesem Kapitel sind im Rahmen von durch mich initiierten und betreuten studentischen Abschlussarbeiten am Fraunhofer Institut für Lasertechnik ILT und am Lehrstuhl für Technologie Optischer Systeme TOS der RWTH Aachen entstanden. Adam El-Sarout 2020 – „Untersuchung der temperaturabhängigen optischen Eigenschaften von dünnen Lanthan-Nickelat-Schichten" und Linda Speckels 2019 – „Laserbasierte Kristallisation von dünnen Schichten aus Lanthan-Nickel-Oxid"

7.1 Bestimmung der optischen Eigenschaften von LNO bei Raumtemperatur

Die Messung der optischen Eigenschaften (Reflektions- und Transmissionsgrad R und T) bei Raumtemperatur erfolgt mit einem UV-VIS-NIR-Spektrometer (Perkin-Elmer Lambda 1050 UV-Vis-NIR-Spektrometer) für die Wellenlängen 300 – 2500 nm sowie einem IR-Spektrometer (Perkin-Elmer Frontier FT-IR-Spektrometer) für die Wellenlängen 2500 – 16.000 nm. Der Absorptionsgrad A wird über die Formel $A = 100 - R - T$ berechnet. Um sowohl den transmittierten als auch den reflektierten Anteil der Strahlung messen zu können wird eine 100 nm dicke LNO-Schicht auf ein Quarzglas-Substrat aufgeschleudert, bei 350 °C pyrolysiert und sowohl im amorphen als auch im kristallinen Zustand im oben angegebenen Wellenlängenbereich optisch charakterisiert (Probenherstellung entsprechend Kapitel 4.2). Das Ergebnis der Messung ist in Bild 46 dargestellt. Drei typische Laserwellenlängen, die für die Kristallisation in Frage kommen, sind zur Orientierung eingezeichnet.

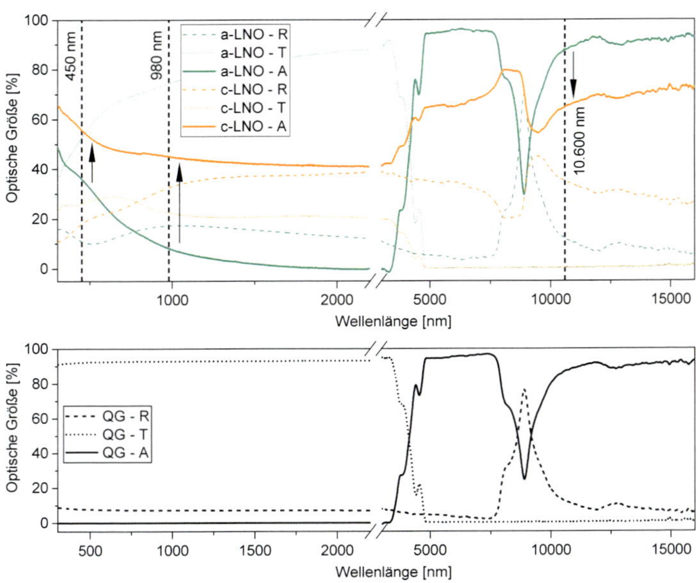

Bild 46: Oben: Reflexions- (R), Transmissions- (T) und Absorptionsgrad (A) einer dünnen LNO-Schicht auf Quarzglas-Substrat im amorphen (aLNO) und kristallienen (cLNO) Zustand. Die Kristallisation erfolgt auf einem Heizelement bei 650 °C für 10 Minuten in Raumluft; Unten: Reflexions- (R), Transmissions- (T) und Absorptionsgrad (A) eines unbeschichteten Quarzglas-Substrats (QG).

Für Wellenlängen unterhalb 2000 nm nimmt der Absorptionsgrad der Proben durch die Kristallisation zu, für Wellenlängen oberhalb 5000 nm nimmt der Absorptionsgrad ab. Diese deutliche Änderung kann auf den Übergang von einem amorphen Isolator zu einem kristallinen Leiter zurückgeführt werden. Durch die Kristallisation entstehen freie Ladungsträger in der Schicht, welche mit elektromagnetischer Strahlung wechselwirken können. Der Vergleich mit den optischen Eigenschaften eines unbeschichteten Quarzglas-Substrates (Bild 46 unten) zeigt, dass die optischen Eigenschaften für Wellenlängen über 2500 nm maßgeblich vom Substrat bestimmt werden. Erst durch die Kristallisation des LNO ändern sich in diesem Bereich die optischen Eigenschaften des Systems deutlich.

Mithilfe der Software SCOUT werden aus den Messergebnissen die komplexen Brechungsindizes für aLNO und cLNO mithilfe geeigneter physikalischer Modelle ermittelt. Für aLNO werden dafür drei harmonische Oszillatoren, ein OJL-Modell und ein dielektrischer Hintergrund verwendet. Die verwendeten Modelle detailliert in Anhang 11.2 beschrieben. Für cLNO erfolgt die Simulation mittels eines Drude-Models, eines dielektrischen Hintergrunds und drei harmonischen Oszillatoren. Das Drude-Modell dient der Beschreibung freier Ladungsträger, welche im aLNO nicht enthalten sind und daher nicht beachtet werden müssen. Die Modelle werden auf Grundlage von Veröffentlichungen zum Thema optische Eigenschaften dünner LNO-Schichten (vgl. Bild 47) gewählt und angepasst, um eine möglichst gute Übereinstimmung zwischen gemessenen und simulierten Spektren zu erreichen. Die Simulationsergebnisse für den Brechungsindex n und den Extinktionskoeffizienten k sind in Bild 47 dargestellt. Um die Messergebnisse in einen größeren Kontext zu setzen, sind den Diagrammen Daten für cLNO aus verschiedenen Veröffentlichungen hinzugefügt. Die gemessenen Daten weichen dabei von den Ergebnissen anderer Autoren ab. Auch die Referenzdaten untereinander kommen nur teilweise zur Deckung.

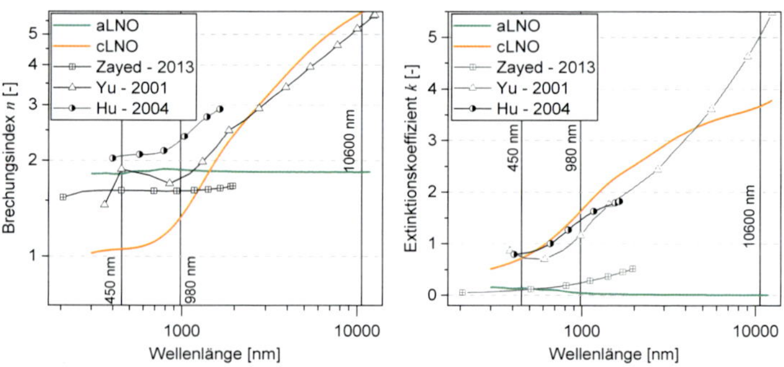

Bild 47: Brechungsindex n und Extinktionskoeffizient k von aLNO und cLNO. Weitere Daten für cLNO aus Zayed et al.[54], Yu et al.[129] und Hu et al. [53]. Zur Orientierung sind typische Laserwellenlängen eingezeichnet.

Die Abweichungen der Messergebnisse zu den Literaturwerten sowie der Literaturwerte untereinander kann dadurch zustande kommen, dass nicht über den gleichen Wellenlängenbereich gemessen und simuliert wird und dadurch manche der hinterlegten physikalischen Modelle anders parametrisiert werden. In der Literatur werden diese Diskrepanzen auf unterschiedliche physikalische Effekte zurückgeführt. Hu et al. haben 2003 einen deutlichen Zusammenhang zwischen der Schichtdicke von cLNO-Schichten auf Platin und den optischen Eigenschaften nachgewiesen [72]. Dabei variiert n bei einer Wellenlänge von 10600 nm zwischen 8,7 (Schichtdicke: 34,9 nm) und 1,1 (Schichtdicke 177,3 nm). Bei der gleichen Wellenlänge variiert k zwischen 12,8 (34,9 nm) und 0,7 (177,3 nm). Dieser Unterschied resultiert auch in unterschiedlichen optischen Eindringtiefen von 66 nm (34,9 nm) bzw. 1205 nm (177,3 nm). Diese Abhängigkeit wird von Hu et al. vor allem durch die Abhängigkeit der Kristallitgröße von der Schichtdicke erklärt. Diese nimmt mit abnehmender Schichtdicke ebenfalls ab. Bei Halbleitern ist ein solches Phänomen als „quantum-size effect" bekannt, bei dem sich die optischen Eigenschaften im UV-VIS-NIR-Bereich mit der Größe der Kristallite drastisch ändern kann [130]. Wie bereits in Kapitel 5 gezeigt, wirken sich auch unterschiedliche Zusammensetzungen der verwendeten

Präkursorlösungen auf die optischen Eigenschaften der LNO-Schichten aus. Weitere Einflussfaktoren und Verfahrensparameter (Heizrate, Substrat, Atmosphäre bei der Kristallisation) können ebenfalls einen Einfluss auf die optischen Eigenschaften haben. Daher muss der direkte Vergleich zwischen verschiedenen Veröffentlichungen mit Vorsicht betrachtet werden. Die optische Charakterisierung dünner LNO-Schichten eignet sich jedoch trotzdem, um bei gleichbleibenden Versuchsbedingungen Rückschlüsse auf den Einfluss einzelner Faktoren auf die physikalischen Eigenschaften dünner LNO-Schichten zu ziehen. Die deutliche Änderung des Extinktionskoeffizient durch die Kristallisation kann für eine laserbasierte Kristallisation eine Herausforderung darstellen. Steigt der Absorptionsgrad einer LNO-Schicht durch die Kristallisation deutlich an, kann das zu einem instabilen Prozess in Form eines „thermal runaway" führen. Dadurch steigt die Temperatur während des Prozesses an und kann zum Zerfall der leitfähigen $LaNiO_3$-Phase und zur Bildung der Hochtemperaturphasen La_2NiO_4 und NiO führen.

7.2 Bestimmung der temperaturabhängigen optischen Eigenschaften von LNO bei der Kristallisation mittels Heizelement

Die Ergebnisse aus Kapitel 7.1 zeigen, dass die Kristallisation dünner LNO-Schichten zu einer deutlichen Änderung des komplexen Brechungsindex führen. Diese Änderung kann daher benutzt werden, um kontaktlos den Zustand einer dünnen LNO-Schicht mit hoher zeitlicher Auflösung durch optische Messverfahren zu bestimmen.

In diesem Kapitel wird die kontinuierliche Veränderung der optischen Eigenschaften während des Aufheizprozesses in-situ gemessen und der komplexe Brechungsindex in Abhängigkeit der Temperatur abgeleitet. Wie in Bild 45 dargestellt, wird im ersten Schritt eine dünne LNO-Schicht auf einem platinierten Siliziumwafer kristallisiert. Da der Transmissionsgrad dieser Proben null beträgt, wird lediglich der Reflexionsgrad gemessen und zur Bestimmung von n und k verwendet. In Bild 48 sind exemplarisch die Änderung des Absorptionsgrades in Abhängigkeit der Wellenlänge (links) und für ausgewählte Wellenlängen in Abhängigkeit der Temperatur dargestellt (rechts). Im Vergleich zu den Ergebnissen aus Bild 46 sind die Spektren von Interferenzeffekten in der LNO-Schicht dominiert. Diese sind aufgrund des hohen Reflexionsgrads des Platinsubstrates und des geringen Absorptionsgrads der LNO-Schicht stark ausgeprägt. Für die dargestellten Wellenlängen ist ab einer Temperatur von ca. 250 °C ein deutlicher Anstieg des Absorptionsgrades zu erkennen. Lediglich bei einer Wellenlänge von 980 nm verändert sich der Absorptionsgrad während der Aufheizung kaum. Sobald die Schichten bei der Maximaltemperatur (Schichttemperatur) von 800 °C vollständig kristallisiert sind, ändert sich der Absorptionsgrad während der Abkühlphase nur geringfügig. Diese Änderungen können durch Änderungen der Schichtdicke oder der elektrischen Leitfähigkeit aufgrund der Temperaturänderung hervorgerufen werden. Die genaue Betrachtung der Temperaturabhängigkeit der optischen Eigenschaften von cLNO ist in Bild 51 dargestellt.

Bild 48: Absorptionsgrad (links) einer ursprünglich aLNO-Schicht auf Platin bei unterschiedlichen Temperaturen und einer Heizrate von 1 K/s. Absorptionsgrad für ausgewählte Wellenlängen in Abhängigkeit von der Temperatur (rechts). Sie Schichtdicken betragen im kristallinen Zustand 60 nm.

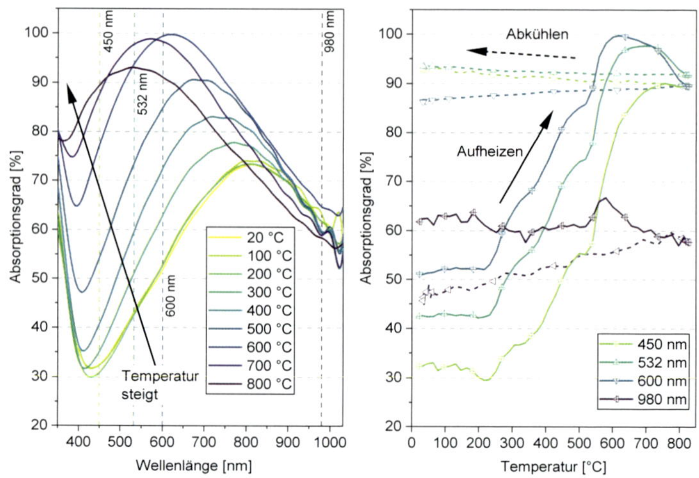

Da die optischen Eigenschaften der dünnen LNO-Schicht auf Platin maßgeblich von Interferenzeffekten dominiert werden, wird im nächsten Schritt der komplexe Brechungsindex aus den Messdaten mit der Software SCOUT ermittelt. Die Herausforderung bei dieser Berechnung besteht darin, den geeigneten Satz von physikalischen Modellen für die Simulation von n (Brechungsindex) und k (Extinktionskoeffizient) auf Basis der Messwerte zu verwenden. Da während der Messung der Übergang von einem amorphen Isolator zu einem metallischen Leiter stattfindet, sind hier unterschiedliche Modelle notwendig. Nahe dem Übergang von amorph zu kristallin werden daher beide Modellsätze angewendet und jener als geeignet identifiziert, welcher die geringste Abweichung zwischen Messung und Simulation aufweist. Die Ergebnisse der Simulation für den komplexen Brechungsindex sind in Bild 49 dargestellt. Beim Erhitzen der Proben nimmt n ab, während k zunimmt. Der Übergang von aLNO zu cLNO findet nach den Ergebnissen zwischen 600 °C und 700 °C statt.

Der deutliche Abfall von n während der Kristallisation kann mit der Umwandlung der nichtleitenden, amorphen Phasen NiO und La_2O_3 hervorgerufen werden, die während der Pyrolyse entstehen (vgl. Bild 18). Für eine Wellenlänge von 600 nm weist amorphes La_2O_3 einen Brechungsindex von 1,75 auf [99], während NiO einen Brechungsindex von 2,2 aufweist [98]. Bei der Kristallisation zu $LaNiO_3$ lösen sich diese Phasen auf und bilden $LaNiO_3$ (n=1,3 – 1,8 bei 600 nm). Da keine scharfe Kristallisationstemperatur bestimmt werden kann, tragen alle in der Schicht vorhandenen Phasen zum Brechungsindex des Schichtmaterials bei.

Bild 49: Änderung des komplexen Brechungsindex beim Erhitzen einer amorphen LNO-Schicht auf einem platinierten Si-Substrat bei einer Heizrate von 60 K/min. Schichtdicke cLNO = 60 nm

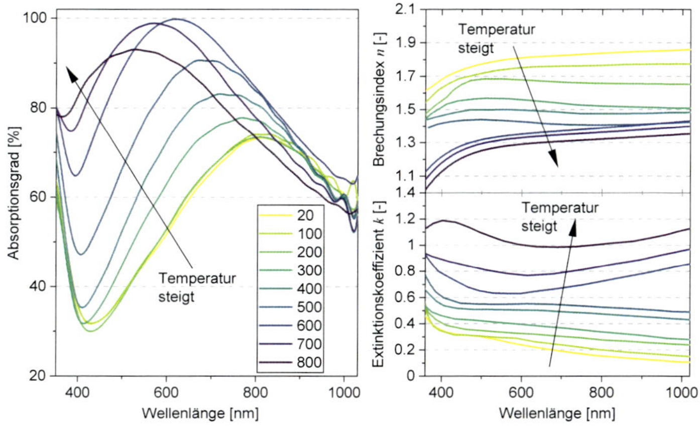

Die Zunahme von k lässt sich über die Einstellung der elektrischen Leitfähigkeit erklären. Durch die Kristallisation entstehen frei bewegliche Elektronen, die mit der einfallenden elektromagnetischen Strahlung wechselwirken können. Über Stöße mit dem Kristallgitter geben diese Elektronen wiederum ihre Energie in Form von Phononen ab. Mit zunehmendem Grad der Kristallisation steigt auch die Elektronendichte und damit die Wahrscheinlichkeit einer Wechselwirkung. Dadurch nimmt k zu, die optische Eindringtiefe nimmt dementsprechend ab. Reddy et al. begründen eine Zunahme des Extinktionskoeffizienten dünner Schichten mit der Entstehung von Korngrenzen. Diese streuen das einfallende Licht und begrenzen die mittlere freie Weglänge, die Elektronen zurücklegen können [131]. Da die Korngrenzen in den $LaNiO_3$-Schichten erst bei der Kristallisation entstehen, kann dieser Effekt ebenfalls zu einem Anstieg von k führen.

Da die optischen Eigenschaften von LNO eng mit der elektrischen Leitfähigkeit verknüpft sind, wird analog zur optischen Charakterisierung auch die temperaturabhängige Leitfähigkeit von LNO vermessen. Der dazu verwendete Versuchsaufbau ist in Anhang 11.3 dargestellt und beschrieben. Diese Messungen werden auf Quarzglas-Substraten durchgeführt, da auf platinierten Substraten keine zuverlässige Messung der Leitfähigkeit möglich ist. Daher können die Messungen nur qualitativ verglichen werden. Außerdem werden die Ergebnisse einer thermo-gravimetrischen Analyse (TGA) hinzugezogen, um ein möglichst umfassendes Gesamtbild der Vorgänge bei der Kristallisation von LNO zu erhalten. Dabei werden nur die Daten ab 350 °C (Pyrolysetemperatur) verwendet, da die optischen und elektrischen Messungen an bereits pyrolysierten Schichten durchgeführt werden. Die Ergebnisse dieser Messungen sowie der Extinktionskoeffizient k bei einer Messwellenlänge von 600 nm sind in Bild 50 dargestellt. Diese Wellenlänge wird gewählt, da hier die Veränderung der optischen Eigenschaften deutlich sichtbar ist. Die Verläufe von Extinktionskoeffizient und Leitfähigkeit ähneln sich und nehmen beide zwischen 500 °C und 600 °C deutlich zu. Dieser Zusammenhang bestätigt die oben formulierte Annahme, dass durch die einsetzende bzw. steigende Leitfähigkeit der Extinktionskoeffizient direkt beeinflusst wird. Die maximale Leitfähigkeit von LNO wird erst dann erreicht, wenn der maximale Anteil an Sauerstoff, entsprechend der angestrebten Stöchiometrie $LaNiO_3$, erreicht ist. Nach den Ergebnissen der TGA-Messung in Bild 50 nimmt die Masse nach der Pyrolyse ab einer Temperatur von 350 °C geringfügig ab (~7%). Die Masseänderung während der Pyrolyse ist nicht dargestellt. Dieses Ergebnis spricht gegen eine Aufnahme von Sauerstoff im Laufe des Kristallisationsprozesses. Die leichte Abnahme wird vermutlich durch das Ausbrennen von geringen Anteilen an Rest-Organik aus den Präkursorlösungen hervorgerufen. Im Gegensatz zu den Versuchen aus Kapitel 6.4 (Bild 43) werden in diesem Fall die höchsten Leitfähigkeiten bei 750 °C erreicht. Das liegt daran, dass im vorliegenden Fall die Leitfähigkeit bei 750 °C gemessen wird und nicht bei Raumtemperatur. Die Risse, die zu einem Abfall der Leitfähigkeit auf Quarzglas-Substraten führen, entstehen nach Kristallisation der LNO-Schicht erst beim Abkühlen.

Bild 50: Extinktionskoeffizient k und Leitfähigkeit einer LNO-Schicht in Abh. der Temperatur (120 nm auf QG-Substrat; Heizrate: 60 K/min). Die Ergebnisse einer TGA-Messung einer LNO-Präkursorlösung sind in blau dargestellt.

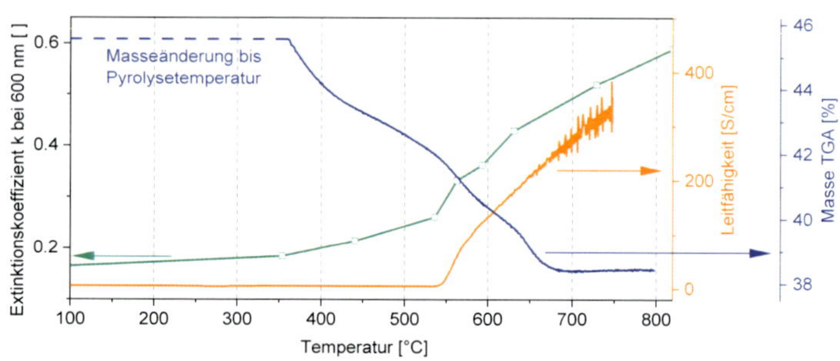

Diese Beobachtungen führen zu der Annahme, dass die stöchiometrische Zusammensetzung der Schichten (ausgenommen der potenziellen Sauerstoff-Fehlstellen) bereits unmittelbar nach abgeschlossener Pyrolyse erreicht ist. Dieses Ergebnis unterstützt die in Kapitel 4 aufgestellte Hypothese, dass nach der Pyrolyse bereits Oxide der Funktionselemente vorliegen. Beim weiteren Erhitzen und Kristallisieren erfolgt lediglich eine Neuordnung der Atome, die schließlich zu cLNO-Schichten führen.

Der Extinktionskoeffizient k steigt bereits bei geringeren Temperaturen an, wohingegen der Anstieg der Leitfähigkeit erst ab Temperaturen größer 550 °C beobachtet wird. Dieses Verhalten kann dadurch erklärt werden, dass erst unzusammenhängende Kristalle in der aLNO-Schicht entstehen. Diese Kristalle können bereits freie Elektronen enthalten und so mit dem Drude-Modell optisch beschrieben werden. Solange diese einzelnen Kristalle aber noch keine Perkulationspfade bilden, kann noch keine elektrische Leitfähigkeit über eine größere Strecke gemessen werden. Diese setzt erst ein, wenn zwischen den beiden Messspitzen ein durchgehender Perkulationspfad entsteht. Mit steigender Temperatur steigt auch die Leitfähigkeit durch den zunehmenden Anteil an cLNO in der Schicht an.

Im nächsten Schritt wird das oben beschriebene Verfahren zur Bestimmung der temperaturabhängigen optischen Eigenschaften auf bereits kristallisierte LNO-

Schichten angewendet. Daraus kann die Temperaturabhängigkeit der optischen Eigenschaften von cLNO sowie physikalische Eigenschaften wie Stoß- und Plasmafrequenz abgeleitet werden. Die temperaturabhängigen optischen Eigenschaften (Absorptionsgrad und der daraus simulierte komplexe Brechungsindex) einer 60 nm dicken cLNO-Schicht auf Platin sind in Bild 51 dargestellt. In der Simulation wird ein Drude-Modell zugrunde gelegt, um die Wechselwirkung der freien Ladungsträger darzustellen sowie ein OJL-Modell, um einen Interbandübergang zu beschreiben. Außerdem werden ein dielektrischer Hintergrund angenommen und ein harmonischer Oszillator verwendet, um den Beitrag von Gitterschwingungen im infraroten Wellenlängenbereich zu berücksichtigen.

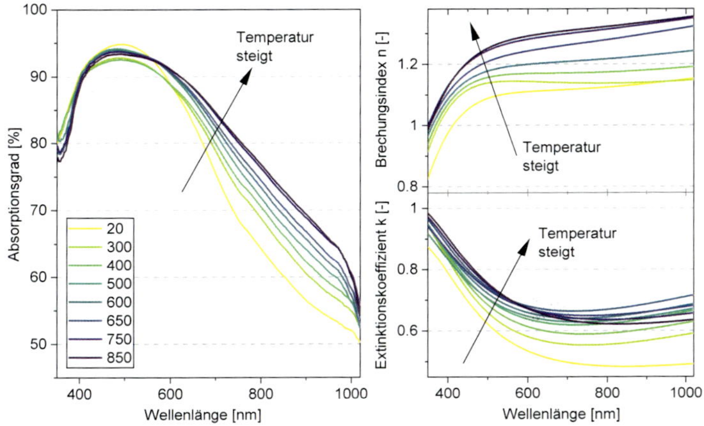

Bild 51: Temperaturabhängiges Absorptionsspektrum einer 60 nm dicken cLNO-Schicht auf einem Pt-Substrat und der daraus berechnete Brechungsindex n und Extinktionskoeffizient k.

Der ermittelte komplexe Brechungsindex bei Raumtemperatur stimmt dabei gut mit anderen Quellen überein [54]. Der Absorptionsgrad ist innerhalb des Messbereichs reversibel und sinkt nach dem Abkühlen wieder auf den Ausgangszustand bei 21 °C ab. Daher kann eine irreversible Veränderung des cLNO im untersuchten Temperaturbereich ausgeschlossen werden. Der Brechungsindex n nimmt für kristallines LNO mit der Temperatur zu. Der Anstieg wird dabei mit zunehmender Wellenlänge größer. Ein steigender Brechungsindex entspricht einer abnehmenden Lichtgeschwindigkeit im Material aufgrund einer zunehmenden Anzahl an Wechselwirkungen zwischen der einfallenden elektromagnetischen Welle und den Elektronen. Dieser Anstieg ist ein Beispiel für anomale Dispersion [132]. In Bild 51 ist als weiteres Ergebnis der oben beschriebenen Modellierung von kristallinem LNO der Extinktionskoeffizient k, ebenfalls in Abhängigkeit von Temperatur und Wellenlänge dargestellt. Für Licht mit 700-1050 nm Wellenlänge liegt k je nach Temperatur zwischen 0,49 (21 °C) und 0,7 (634 °C). Der Extinktionskoeffizient nimmt in diesem Bereich zu. Daraus folgt, dass die optische Eindringtiefe mit steigender Temperatur abnimmt. Durch die thermische Energie des Gitters steigt die Wahrscheinlichkeit einer Wechselwirkung zwischen angeregten Elektronen und Phononen. Die leichte Abnahme von k oberhalb 651 °C und ca. 600 nm Wellenlänge wird auf die beginnende Bildung von NiO und La_2NiO_4-Phasen zurückgefürt.

Aus den Simulationsmodellen zur Bestimmung der optischen Eigenschaften können temperaturabhängige Materialeigenschaften wie Plasmafrequenz und Leitfähigkeit abgeleitet werden. Für die oben gezeigten Messungen sind die relevanten Größen Stoßfrequenz Ω_τ und Plasmafrequenz Ω_p in Bild 52 dargestellt. Aus diesen Werten kann die theoretische Leitfähigkeit über die Formel

7.1 $$\sigma = \frac{2 \cdot \pi \cdot c \cdot \varepsilon_0 \cdot \Omega_p^2}{\Omega_\tau}$$

berechnet werden. Dabei ist c die Lichtgeschwindigkeit und ε_0 die dielektrische Feldkonstante.

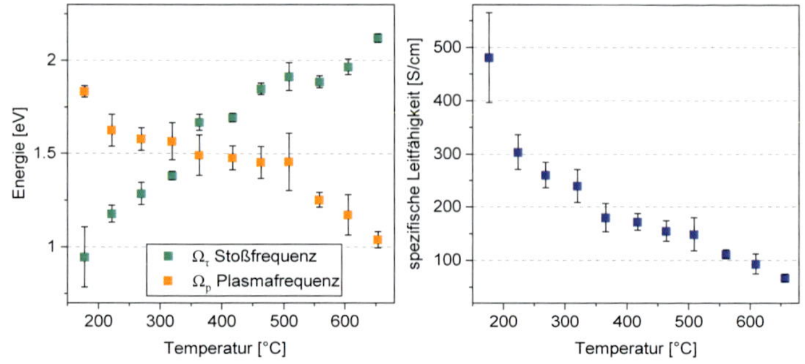

Bild 52: Links: Berechnete, Temperaturabhängige Stoßfrequenz und Plasmafrequenz für cLNO auf Platin. Rechts: Aus den beiden Werten berechnete Leitfähigkeit für cLNO auf Platin.

Wie bei einem metallischen Leiter erwartet, steigt die Stoßfrequenz mit der Temperatur, da die Dichte an Phononen zunimmt, mit denen die Elektronen wechselwirken können. Die Plasmafrequenz nimmt ab. Die Leitfähigkeit, die sich aus diesen beiden Werten berechnet, nimmt ebenfalls mit der Temperatur ab. Die Bewegung der Elektronen wird dabei durch Stöße mit Phononen eingeschränkt. Neben der Zunahme von Phononen können bei dünnen LNO-Schichten noch weitere Effekte die Leitfähigkeit senken. Durch unterschiedliche thermische Ausdehnungskoeffizienten zwischen Substrat und LNO-Schicht kommt es zu Spannungen in der LNO-Schicht. Dadurch können die NiO-Oktaeder gegeneinander verkippt werden. Wie bereits in Kapitel 6 diskutiert, wird dadurch die Leitfähigkeit von $LaNiO_3$ beeinflusst. Einen weiteren Hinweis auf die temperaturabhängige Leitfähigkeit liefern Berini et al. [127]. Nach deren Untersuchungen ändert sich die Konzentration von Sauerstoff-Fehlstellen mit der Temperatur. Dabei werden, mit steigender Temperatur und in Abhängigkeit des Sauerstoff-Partialdrucks in der umgebenden Atmosphäre, zusätzliche Sauerstoff-Fehlstellen gebildet, die die Leitfähigkeit ebenfalls herabsetzen. Da die dargestellten Messungen auf platinierten Si-Wafern durchgeführt werden, ist ein Vergleich der simulativ ermittelten und direkt gemessenen Leitfähigkeit nicht möglich.

7.3 Bestimmung der temperaturabhängigen optischen Eigenschaften von LNO bei der Kristallisation mittels Laserstrahlung

Die Kristallisation mittels Heizelement erlaubt lineare Heizraten von maximal ca. 2 K/s. Um größere Heizraten zu realisieren, wird in diesem Kapitel ein kontinuierlich emittierender Diodenlaser (Emissionswellenlänge 980 nm) für das Aufheizen von LNO-Schichten auf Quarzglas-Substraten verwendet. Dadurch können Rückschlüsse auf den Zusammenhang zwischen Heizrate und Kristallisationsverhalten abgeleitet werden. Durch die Verwendung dieses Lasers können erheblich größere Heizraten bis 568 K/s realisiert werden. Eine Herausforderung bei der laserbasierten Kristallisation stellt die Einstellung einer definierten Temperatur bzw. Heizrate dar. Zu diesem Zweck wird in diesem Kapitel ein Regelkreis mit einem Einfarben-Pyrometer der Firma Mergenthaler implementiert. Das Pyrometer erfasst Wärmestrahlung in einem Wellenlängenbereich zwischen 1,7 und 1,9 µm. Die Messfrequenz des Pyrometers beträgt 10 kHz. Das Vorgehen bei der Kalibration des Pyrometers ist im Anhang 11.5 dargestellt. Als Emissionsgrad für dir pyrometrische Erfassung der Schichttemperatur wird dabei derjenige verwendet, welcher bei der Kalibration auf cLNO auf Quarzglas-Substraten ermittelt wird. Dadurch kann jedoch die Temperaturmessung auf aLNO fehlerbehaftet sein, da sich der Emissionsgrad durch die Kristallisation ändert. Um die Messungen und die darauf basierenden Simulationen zu genauer durchzuführen, werden bei diesen Versuchen zwei Spektrometer der Firma Ocean Optics (Typen FX und NIRQuest) verwendet, welche gemeinsam einen Wellenlängenbereich von 400 – 2000 nm abdecken.

Zunächst werden aLNO-Schichten auf Quarzglas mit zwei unterschiedlichen linearen Heizraten kristallisiert und die optischen Eigenschaften an charakteristischen Punkten der Temperaturkurve betrachtet. Die Ergebnisse sind exemplarisch für Heizraten von 29 K/s und 568 K/s in Bild 53 dargestellt. Für beide Heizraten ist der, vom Pyrometer gemessene und geregelte Temperaturverlauf zwischen den charakteristischen Punkten T1 und T2 linear. Als Referenz sind im rechten Diagramm die Absorptionsgrade einer, mittels Heizelement kristallisierten Schicht auf Quarzglas-Substrat hinzugefügt. Da diese Referenzproben nur bei Raumtemperatur charakterisiert werden können, sind lediglich die Punkte T1 und T3 im Diagramm dargestellt. Die minimale Messtemperatur des Pyrometers beträgt 190 °C. Daher sind in den Ergebnissen keine Temperaturen unter diesem Wert dargestellt. Das Pyrometer erfasst

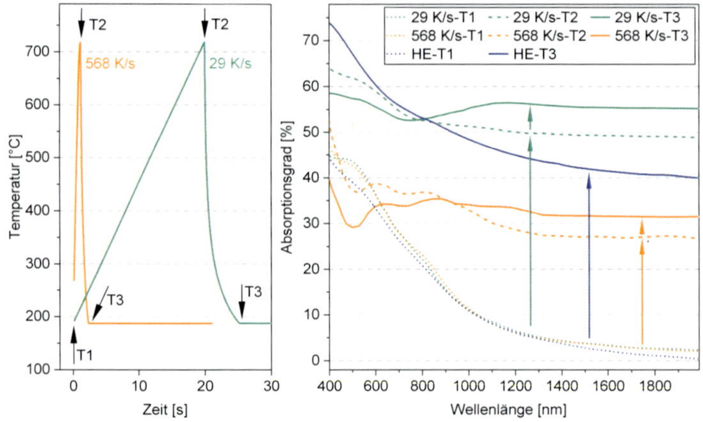

Bild 53: Links: Temperatur-verlauf für die Laserkristallisation bei Heizraten von 29 und 568 K/s. Dargestellt sind Messdaten des Pyrometers in einem geregelten Prozess. Charakteristische Punkte sind mit T markiert. Rechts: Absorptionsgrad in Abhängigkeit der Wellenlänge and den Punkten T1, T2 und T3 sowie Absorptionsgrade von Referenzproben. HE: Heizelement.

Die Messergebnisse lassen folgende Beobachtungen und Rückschlüsse zu:

- Die Änderung des Absorptionsgrads hängt von der Heizrate ab und unterscheidet sich zusätzlich von der mittels Heizelement kristallisierten Referenzprobe. Demnach wird die Kristallisation nicht nur von der maximal erreichten Temperatur, sondern auch vom Verlauf der Temperaturkurve beeinflusst. Dieses Ergebnis deckt sich mit den Beobachtungen aus Kapitel 6.3, wo eine Abhängigkeit der Kristallisation von der Zeit nachgewiesen wird. Unterschiedliche Heizraten können dabei einen ähnlichen Effekt haben. Die Bildung von kristallinem $LaNiO_3$ kann durch eine nicht ausreichend lange Kristallisationszeit nicht vollständig ablaufen.

- Bei den laserkristallisierten Proben unterscheiden sich die Spektren zwischen T2 und T3 deutlich. Das bedeutet, dass entweder die Kristallisation während der Abkühlphase weiterläuft oder reversible temperaturabhängige Materialeigenschaften (wie z.B. Stoßfrequenz der Phononen) einen Betrag leisten.

Die Unterschiede in den Absorptionsgraden (und damit auch in den Emissionsgraden) der beiden dargestellten laserkristallisierten Proben wirft die Frage auf, welcher Fehler dadurch in der Temperaturmessung mittels Pyrometer erzeugt wird. Da die Kalibration auf einer mittels Heizelement kristallisierten Probe durchgeführt wird, können die gemessenen Temperaturen von den tatsächlich auftretenden Temperaturen abweichen. Diese Abweichung kann entweder zu einer unvollständigen Kristallisation führen oder zur Bildung von unerwünschten Phasen, die z.B. bei höheren Temperaturen entstehen. Daher ist auch die Berechnung des komplexen Brechungsindex aus den oben dargestellten Daten nur bedingt sinnvoll, da vermutlich kein phasenreines $LaNiO_3$ vorliegt. Messungen der Leitfähigkeit an laserkristallisierten Proben liefern Werte zwischen 0 und 1,5 S/cm (Heizrate: 29 K/s), wohingegen die verwendeten Referenzproben Leitfähigkeiten von bis zu 260 S/cm erreichen. Diese Beobachtung unterstützt die These, dass bei der laserbasierten Kristallisation kein phasenreines $LaNiO_3$

entsteht. Röntgenbeugungsmessungen an laserkristallisierten Schichten liefern keine auswertbaren Röntgenreflexe, was auf eine weitgehend amorphe Schicht hinweist. Das bedeutet gleichzeitig, dass die, vom Pyrometer gemessenen Temperaturen von den tatsächlichen Schichttemperaturen deutlich abweichen können. Dieser Zusammenhang macht eine präzise Temperaturmessung bzw. Regelung äußerst herausfordernd.

Nach den oben aufgeführten Ergebnissen hängt die Laserkristallisation dünner LNO-Schichten nicht nur von der Temperatur, sondern von weiteren Parametern wie Heizrate, Haltezeit, Änderung der optischen Eigenschaften und Eigenschaften des verwendeten Substrates ab. Diese Einflussfaktoren sind in Kapitel 8 gesammelt und werden dort vor dem Hintergrund der Verfahrensentwicklung für die laserbasierte Kristallisation eingehend untersucht.

7.4 Zusammenfassung

Die in Kapitel 7 vorgestellten Ergebnisse der Analyse der optischen Eigenschaften können wie folgt zusammengefasst werden:

- Der komplexe Brechungsindex dünner LNO-Schichten kann durch Reflexions- und Transmissionsmessungen und die Simulation mit der Software SCOUT mittels geeigneter physikalischer Modelle ermittelt werden. Die Ergebnisse weichen dabei von Literaturwerten ab. Diese Abweichung kommt durch die Abhängigkeit der physikalischen Eigenschaften von den Verfahrensparametern und Probeneigenschaften zustande.

- Die Simulation des komplexen Brechungsindex mit der Software SCOUT liefert physikalische Materialeigenschaften, wie Plasmafrequenz und Stoßfrequenz aus denen z.B. die elektrische Leitfähigkeit berechnet werden kann. Die Abnahme der elektrischen Leitfähigkeit mit zunehmender Temperatur in cLNO-Schichten kann mit optischen Charakterisierungsmethoden nachgewiesen werden.

- Die Änderung der optischen Eigenschaften ist konsistent mit den Ergebnissen anderer Messverfahren wie z.B. Leitfähigkeitsmessungen. Die Ergebnisse zeigen, dass sich die temperaturabhängige Bestimmung der optischen Eigenschaften als Methode eignet, Rückschlüsse auf physikalische Prozesse wie Keimbildung, Keimwachstum und Phasenumwandlung während der Kristallisation zu ziehen. Durch die hohe zeitliche Auflösung der eingesetzten Spektrometer (Messfrequenz bis ca. 20 Hz) können damit auch Prozesse bei hohen Heizraten verfolgt werden.

- Mit der verwendeten Dioden-Laserstrahlquelle können im verwendeten Versuchsaufbau Heizraten bis 568 K/s erreicht werden. Da die pyrometrische Temperaturmessung und Regelung jedoch von den sich ändernden optischen Eigenschaften der Schichten abhängen, ist dieses Verfahren zumindest in manchen Temperaturbereichen fehlerbehaftet. Die Ergebnisse zeigen, dass bei dem verwendeten Versuchsaufbau und den Verfahrensparameter keine kristalline $LaNiO_3$-Phase entsteht. Dieses Ergebnis fließt in die Verfahrensentwicklung in Kapitel 8 mit ein und wird dort eingehend untersucht.

8 Laserbasierte Funktionalisierung LNO

Bei der laserbasierten Funktionalisierung soll die Umwandlung einer dünnen, amorphen LNO-Schicht in eine kristalline LNO-Schicht mittels Laserstrahlung erfolgen. Wie bereits in Kapitel 6 beschrieben, unterliegt die Kristallisation von LNO verschiedenen Einflussparametern wie Schichtdicke, Substrat, Temperatur usw. Die Vorgehensweise bei der Entwicklung eines laserbasierten Verfahrens zur Kristallisation dünner LNO-Schichten ist in Bild 54 dargestellt. Im ersten Schritt werden zwei unterschiedliche Wellenlängen für die Kristallisation evaluiert. Anschließend wird der Einfluss der Gasatmosphäre während der laserbasierten Kristallisation mit einem Faser-Laser untersucht. Im letzten Schritt fließen die Ergebnisse in der Verfahrensentwicklung zusammen.

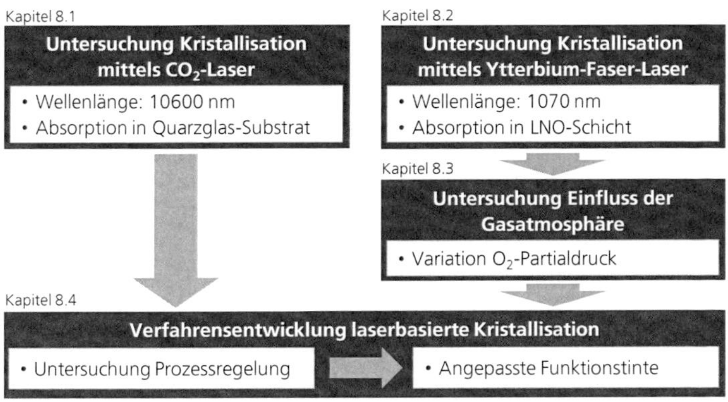

Bild 54: Darstellung der Vorgehensweise bei der Verfahrensentwicklung für die laserbasierte Kristallisation dünner LNO-Schichten.

Durch den Einsatz von Laserstrahlung für die Kristallisation müssen weitere Verfahrensparameter beachtet und deren Einfluss auf die Kristallisation und die resultierenden physikalischen Eigenschaften der LNO-Schichten untersucht werden. In Bild 55 sind die verschiedenen möglichen Wechselwirkungsmechanismen zwischen Laserstrahlung und einem Schichtsystem aus Substrat und LNO-Schicht dargestellt. Abhängig von den Absorptionseigenschaften von Schicht und Substrat und der Wellenlänge der Laserstrahlung (Faser-Laser oder CO_2-Laser) dominieren unterschiedliche Wechselwirkungs- und damit Aufheizeffekte. Die Änderung der Absorptionsgrade der Schichtsysteme durch die Kristallisation kann sich auf die Stabilität des Kristallisationsprozesses auswirken, wie bereits in Kapitel 7.1 diskutiert.

Bild 55: Schematische Dar-stellung verschiedener Wechselwirkungsmechanismen zwischen einfallen-der Laserstrahlung und einem Schichtsystem aus Substrat und LNO-Schicht. Dargestellt ist jeweils nur der dominierende Effekt eines Volumenabsorbers oder Absorption durch Interferenzeffekte. Unten im Bild sind Absorptionsspektren dünner LNO-Schichten auf Quarzglas- bzw. platinierten Si-Substraten dargestellt. Die Schichtdicken betragen 100 nm (QG) bzw. 120 nm (Pt) für cLNO.

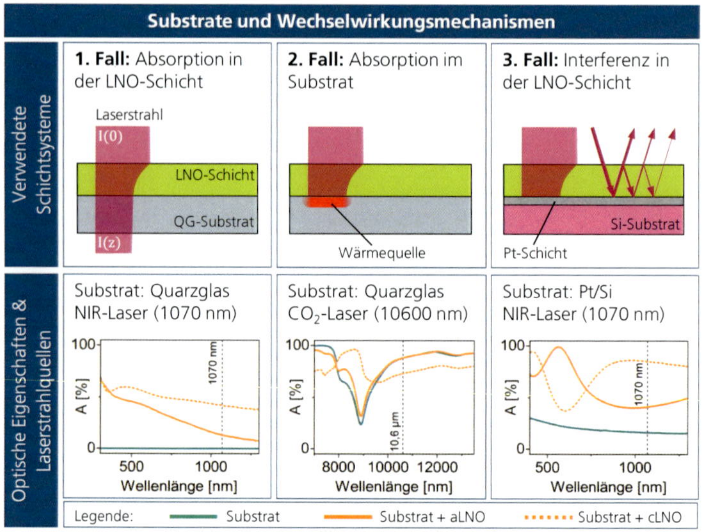

Für die Versuchsreihe erfolgt die Beschichtung mittels Spincoating entsprechend Kapitel 4.2. Für die laserbasierte Kristallisation werden zwei Laserstrahlquellen mit den Wellenlängen 1070 nm (Ytterbium-Faser-Laser) und 10600 nm (CO_2-Laser) verwendet. Beide Strahlquellen werden mittels geeigneter Fokussieroptiken auf einen ähnlichen Strahldurchmesser im Fokus eingestellt (Faser-Laser: 640 µm, CO_2-Laser: 635 µm). Die genauen Spezifikationen der Laserstrahlquellen sowie die Intensitätsverteilungen der Laserstrahlung in der Bearbeitungsebene sind im Anhang 11.6 dargestellt. Die Ablenkung der Laserspots auf der Probenoberfläche erfolgt jeweils mit einem Galvo-Scanner. Um den Parameterraum einzuschränken, werden zunächst nur einzelne Linien unter Variation der Laserleistung und der Vorschubgeschwindigkeit kristallisiert. Die Leitfähigkeit der einzelnen Spuren wird mittels linearer 4-Punktmessung bei einem Messstrom von 100 nA gemessen. Da auf platinierten Si-Substraten keine Leitfähigkeitsmessungen möglich sind, wird Fall 3 in dieser Arbeit nicht untersucht. Aus den Versuchen werden dann Parameterkombinationen aus Laserleistung und Vorschubgeschwindigkeit abgeleitet, bei denen die höchste Leitfähigkeit der kristallisierten LNO-Schichten erreicht wird. Mit diesen Parameterkombinationen werden dann, durch Aneinanderreihung von Einzellinien, Flächen erzeugt und mittels Röntgendiffraktometrie ausgewertet.

Anmerkung: Einige der Ergebnisse in diesem Kapitel sind im Rahmen von durch mich betreute studentischen Abschlussarbeiten am Fraunhofer-Institut für Lasertechnik ILT und am Lehrstuhl für Technologie Optischer Systeme TOS der RWTH Aachen entstanden. Linus Dahmen 2018 – „Laserbasierte Kristallisation von Lanthan-Nickel-Oxid Dünnschichten auf platinierten Siliziumwafern" und Daniel Marshallsay 2019– „Verfahrensentwicklung zur laserbasierten Funktionalisierung von Lanthan-Nickel-Oxidschichten"

8.1 Laserbasierte Kristallisation dünner LNO-Schichten mittels CO_2-Laserstrahlung

Zunächst wird die Kristallisation von LNO auf Quarzglas (Fall 2 in Bild 55) mittels CO_2-Laser hinsichtlich der erreichten Leitfähigkeiten untersucht. Da die Steuerung der Laserleistung beim verwendeten CO_2-Laser durch eine Pulsweitenmodulation (PWM) erfolgt, wird auch die Modulationsfrequenz bei konstanter Leistung variiert. Das Modulationssignal sowie die daraus resultierende Abbildung der Laserpulse auf die Probenoberfläche sind schematisch in Bild 56 dargestellt. Die mittlere optische Ausgangsleistung der Laserstrahlung wird über das Verhältnis von a/b zwischen 0 und 30 W (0 und 100%) variiert. Bei fester Modulationsfrequenz bzw. Pulsdauer führt eine Änderung der Scangeschwindigkeit zu einer Änderung des Pulsabstandes.

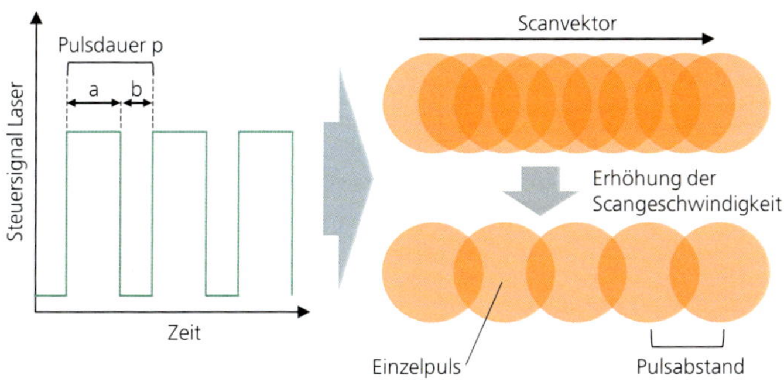

Bild 56: Schematische Darstellung des Steuersignals des CO_2-Lasers (links) sowie die daraus resultierende Abbildung der Laserpulse auf der Probenoberfläche. Die Pulsdauer p ist dabei der Kehrwert der Modulationsfrequenz.

Durch dieses Emissionsverhalten des Lasers wird die Wechselwirkungszeit zwischen Laserstrahl und Probenoberfläche durch die eingestellte Leistung und die Modulationsfrequenz definiert. Eine Veränderung der Scangeschwindigkeit führt hingegen zur Änderung des Pulsabstandes und damit der mehr oder minder starken Überlappung von Einzelpulsen. Das Bearbeitungsergebnis ergibt sich daher immer aus der Akkumulation der Energie mehrerer Pulse pro Flächeneinheit. Um Verwechslungen mit den Untersuchungen mit einer kontinuierlich emittierenden Laserstrahlquelle zu vermeiden, wird bei den Versuchen in diesem Kapitel die Scangeschwindigkeit und nicht die Wechselwirkungszeit zwischen Laserstrahlung und Material angegeben.

Pyrolysierte LNO-Schichten zweier unterschiedlicher Dicken auf Quarzglas-Substraten werden unter Variation der eingestrahlten Flächenenergie, der Scangeschwindigkeit und der Modulationsfrequenz bearbeitet. Die Flächenenergie wird über die Formel

8.1
$$Flächenenergie = \frac{P_{avg.} \cdot 4}{\pi \cdot d_{spot} \cdot v_{scan}}$$

Berechnet. Dabei ist P_{avg} die mittlere Laserleistung, d_{spot} der Spotdurchmesser und v_{scan} die Scangeschwindigkeit. Die Schichten werden entsprechend Kapitel 4.2 aus einer Nitrat-Lösung hergestellt. In Bild 57 sind die Ergebnisse der Leitfähigkeitsmessungen der Einzellinien dargestellt. Die Flächenenergie wird durch die Variation der eingestellten Laserleistung eingestellt. Die verwendete Modulationsfrequenz beträgt 15 kHz. Für die beiden untersuchten Schichtdicken stellt sich jeweils ein charakteristischer Verlauf der Leitfähigkeit in Abhängigkeit der Flächenenergie ein. Mit zunehmender Flächenenergie nimmt die Leitfähigkeit zu, bis ein Maximalwert erreicht wird. Wird die Flächenenergie weiter erhöht, sinkt die Leitfähigkeit wieder ab. Die maximale erreichte Leitfähigkeit steigt mit zunehmender Wechselwirkungszeit von 0,1 S/cm bei 500 mm/s bis 0,9 S/cm bei 50 mm/s. Längere Wechselwirkungszeiten können in diesem Versuch mit dem verwendeten CO_2-Laser nicht erreicht werden, da der Laser bereits bei einer Scangeschwindigkeit von 50 mm/s an seinem Leistungsminimum betrieben wird. Um die Vergleichbarkeit zu den Versuchen mit dem Faser-Laser (vgl. Kapitel 8.2) zu gewährleisten, wird an dieser Stelle keine Variation des Spotdurchmessers und damit der Intensität vorgenommen. Im Zuge dieser Versuchsreihe kann eine maximale Leitfähigkeit von 0,9 S/cm bzw. 0,4 S/cm für eine Schichtdicke (amorph) von 56 nm bzw. 118 nm erreicht werden. Diese Werte liegen ca. zwei Größenordnungen unter den Leitfähigkeiten, die bei der konventionellen Kristallisation auf einem Heizelement bei gleicher Schichtdicke erreicht werden. Die Abweichung der Referenzwerte der beiden untersuchten Schichtdicken voneinander kann durch Schichtspannungen oder dadurch entstandene Defekte wie Mikrorisse hervorgerufen werden, wie bereits in Kapitel 6 diskutiert.

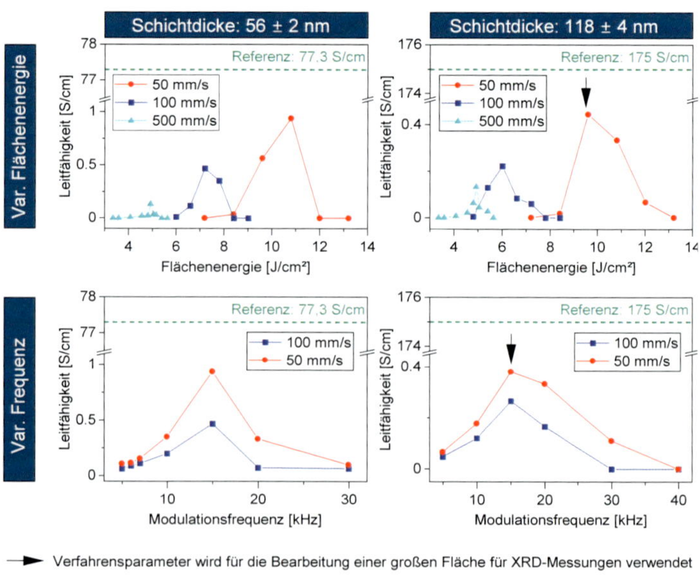

Bild 57: Darstellung der Leitfähigkeiten von laserbearbeiteten Einzellinien (CO_2-Laser). Die Versuche werden bei unterschiedlichen Scangeschwindigkeiten unter Variation der Flächenenergie (Leistung) für zwei unterschiedliche Schichtdicken durchgeführt. Die Referenzwerte für die Leitfähigkeit stammen von LNO-Schichten der entsprechenden Dicke, welche auf einer Heizelement für 10 Minuten bei 650°C kristallisiert werden.

Der Einfluss der Modulationsfrequenz des CO_2-Lasers ist in Bild 57 (unten) für eine feste Flächenenergie dargestellt. Dabei wird jeweils die Flächenenergie eingestellt, die bei der jeweiligen Scangeschwindigkeit zur höchsten Leitfähigkeit führt. Der Verlauf der Leitfähigkeiten ähnelt dem, der aus der Variation der Flächenenergie resultiert. Das Maximum wird hier für alle betrachteten Scangeschwindigkeiten und Schichtdicken bei einer Modulationsfrequenz von 15 kHz erreicht, was einer Pulsdauer von 67 µs entspricht. Diese Frequenz wird auch für die Versuche zur Variation der Flächenenergie verwendet.

In Bild 58 ist eine lichtmikroskopische Aufnahme eines Ausschnitts der rechten Hälfte einer bearbeiteten Einzelspur dargestellt. Die schuppenförmigen Strukturen im bearbeiteten Bereich werden durch den Überlapp mehrerer Pulse hervorgerufen. In der Aufnahme wirkt dieser Bereich inhomogen und körnig. Dieser Eindruck könnte durch Kristallite hervorgerufen werden, welche sich in ihren Brechungsindizes unterscheiden. Außerhalb des bearbeiteten Bereichs bildet sich eine Wärmeeinflusszone aus. Diese weist keine körnige Struktur auf, hebt sich aber optisch vom unbearbeiteten Bereich ab. Dieser Eindruck kann durch eine Änderung der Schichtdicke in diesem Bereich hervorgerufen werden, z.B. durch Reaktionen in der amorphen Phase.

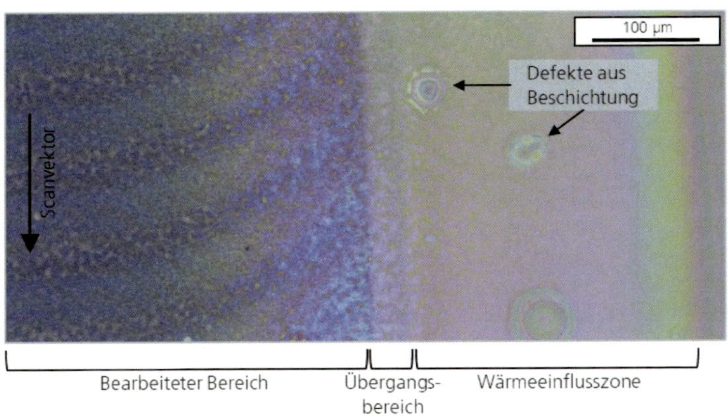

Bild 58: Mikroskopie-Aufnahme einer mittels CO_2-Laserstrahlung bearbeiteten LNO-Schicht auf einem Quarzglas-Substrat. Die Schichtdicke der amorphen Schicht beträgt 118 nm.

Um die in Bild 58 sichtbaren Strukturen im bearbeiteten Bereich besser zuordnen zu können, sind REM-Aufnahmen einer Bruchkante der Probe in Bild 59 dargestellt. Links im Bild ist die Oberfläche der LNO-Schicht zu sehen. Im Vergleich zu der in Bild 36 dargestellten REM-Aufnahme einer konventionell kristallisierten LNO-Schicht sind hier an der Oberfläche keine Kristallite bzw. Korngrenzen zu erkennen. Diese Morphologie könnte durch das Aufschmelzen und schnelle Erstarren als amorphe Schicht hervorgerufen werden. Die Oberfläche weist deutliche Poren auf. In der vergrößerten Darstellung rechts in Bild 59 wird deutlich, dass sich unter der homogenen Deckschicht eine poröse Schicht ausbildet. Die Porendichte in dieser Schicht scheint größer zu sein als die Poren, die auf der Oberfläche sichtbar sind. Diese Poren könnten auch der Grund für die körnige Struktur in der lichtmikroskopischen Aufnahme in Bild 58 sein. Das begrenzte Auflösungsvermögen der verwendeten REM-Aufnahmen lässt jedoch keine abschließende Aussage über den Aufbau der Schicht zu.

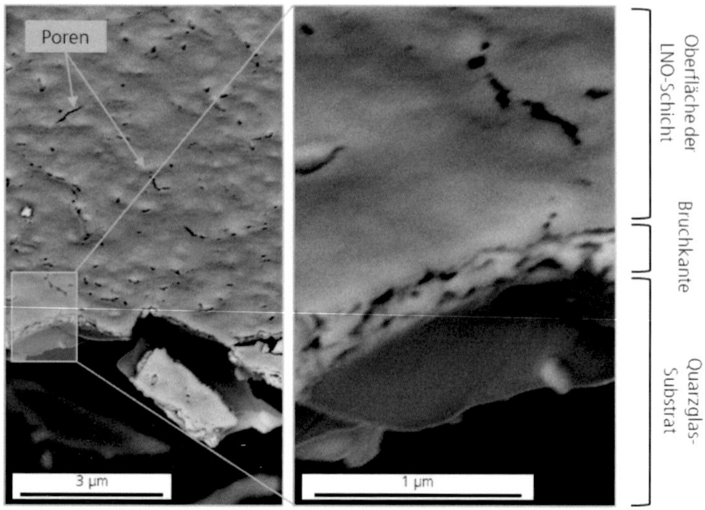

Bild 59: REM-Aufnahme der Bruchkante einer laserbearbeiteten Einzellinie in zwei unterschiedlichen Vergrößerungen. Die Probe ist für die Aufnahme unter einem Winkel von 45° angestellt. Der Detektor steht senkrecht über der Bruchkante. Dadurch werden die Bruchkante sowie die Oberfläche der LNO-Schicht sichtbar (vgl. Bild 36).

Basierend auf den Ergebnissen der Laserbearbeitung einzelner Spuren wird eine Probe flächig bearbeitet und ein Röntgendiffraktogramm der Schicht aufgenommen, um Aussagen über die Phasenzusammensetzung nach der Bearbeitung treffen zu können. Der verwendete Verfahrensparameter ist in Bild 57 markiert. Der fokussierte Laserstrahl wird mäanderförmig über die Probenoberfläche geführt und der Scanvektor jeweils um 1 mm verschoben. Bei dem gewählten Spotdurchmesser von 635 µm wird so die Überlappung der Pulse senkrecht zum Scanvektor und damit eine Mehrfachbelichtung vermieden. So wird sichergestellt, dass jeder Punkt auf der Probe höchstens einmal belichtet wird und so lediglich Ergebnisse einer einfachen Belichtung ausgewertet werden. Das aufgenommene Röntgendiffraktogramm ist in Bild 60 dargestellt. Da das gemessene Signal nur schwach ausgeprägt ist, wird eine Basislinie von den Messdaten subtrahiert und anschließend geglättet, um mögliche Reflexe besser sichtbar zu machen. Die zugeordneten Reflexe sind, basierend auf den Referenzpositionen der erwarteten Phasen aus Bild 39, zugeordnet und beschriftet. Eine leitfähige $LaNiO_3$-Phase kann nicht identifiziert werden. Die Hauptreflexe von NiO, La_2NiO_4 und La_2O_3 können zugeordnet werden.

Bild 60: Röntgendiffraktogramm einer, mittels CO_2-Laserstrahlung bearbeiteten, LNO-Schicht. Die Reflexe sind basierend auf den Referenz-Diffraktogrammen aus Bild 39 zugeordnet.

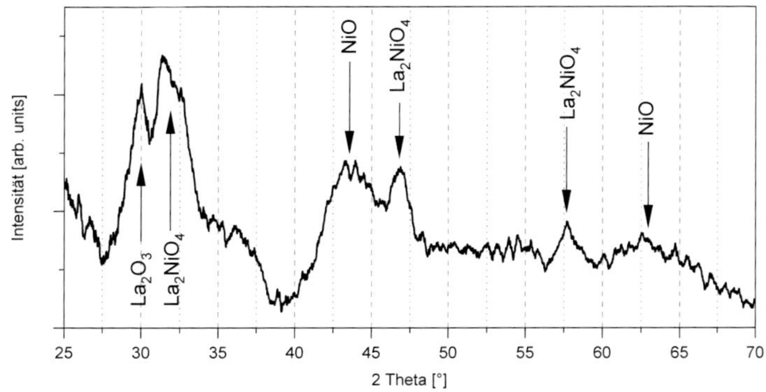

Das schwach ausgeprägte Signal bei der XRD-Messung weist auf einen geringen Grad der kristallinen Fernordnung oder sehr kleine Kristallite hin. Diese Beobachtung deckt sich mit der Morphologie der Schichten in den REM-Aufnahmen, in denen ebenfalls keine Kristallite oder Korngrenzen zugeordnet werden können. Die identifizierten Reflexe der NiO- und La_2NiO_4-Phase entsprechen denen, die bei der konventionellen Kristallisation auf einem Heizelement bei Temperaturen ab 900 °C entstehen. Diese Beobachtung führt zu der Annahme, dass bei der Laserkristallisation mit den gewählten Verfahrensparametern Temperaturen über dem für die Kristallisation der $LaNiO_3$-Phase geeigneten Temperaturbereich erreicht werden. Geringere Laserleistungen und damit geringere Temperaturen in der Schicht führen bei den untersuchten Scangeschwindigkeiten und Wechselwirkungszeiten nicht zur Bildung einer $LaNiO_3$-Phase mit der angestrebten elektrischen Leitfähigkeit. Dieses enge Prozessfenster erklärt auch den charakteristischen Verlauf der spezifischen Leitfähigkeit bei Variation der Flächenenergie. Dieses Ergebnis stimmt mit den Ergebnissen der Untersuchungen der Zeitabhängigkeit der Kristallisation der $LaNiO_3$-Phase aus Kapitel 6.3 überein. Die Kristallisation von dünnen $LaNiO_3$-Schichten auf Quarzglas-Substraten mittels CO_2-Laserstrahlung im untersuchten Parameterfenster ist demnach nicht möglich. Die Ergebnisse weisen darauf hin, dass durch längere Wechselwirkungszeiten höhere Leitfähigkeiten erreicht werden können. Diese lassen sich jedoch mit dem zur Verfügung stehenden System nicht umsetzen. Das Emissionsverhalten des CO_2-Lasers (Pulsweitenmodulation) führt zu kurzen effektiven Wechselwirkungszeiten im Mikrosekundenbereich und zu Inhomogenitäten im Bearbeitungsergebnis. Diese Eigenschaften stellen eine Herausforderung für die Bearbeitung bei definierten Wechselwirkungszeiten dar.

8.2 Laserbasierte Kristallisation dünner LNO-Schichten mittels Faser-Laserstrahlung

Das gleiche Versuchsschema wie in Kapitel 8.1 wird mit einem Faser-Laser (Emissionswellenlänge: 1070 nm) wiederholt. Dieser Laser wird im Gegensatz zum CO_2-Laser im Dauerstrichbetrieb verwendet. Die Wechselwirkungszeit zwischen Laserspot und einem Punkt auf der Probenoberfläche berechnet sich daher aus der Scangeschwindigkeit und dem Spotdurchmesser in der Fokusebene (siehe Anhang 0). Die eingestrahlte Flächenenergie wird durch die Anpassung der Laserleistung für unterschiedliche Wechselwirkungszeiten gezielt eingestellt. Die Ergebnisse der Leitfähigkeitsmessung an Einzellinien sind in Bild 61 für zwei Schichtdicken dargestellt. Bei der Anpassung der Wechselwirkungszeiten stellt sich ein ähnlicher Verlauf der spezifischen Leitfähigkeit wie bei den Versuchen mit dem CO_2-Laser ein. Die maximal erreichten Leitfähigkeiten bei diesem Versuch sind 3,1 S/cm bzw. 2,5 S/cm für Schichtdicken von 56 nm bzw. 118 nm, jeweils für eine Wechselwirkungszeit von 320 ms. Auch hier liegen die erreichten spezifischen Leitfähigkeiten weit unter denen der Referenz. Die benötigten Flächenenergien für das Erreichen der Maxima der spezifischen Leitfähigkeit liegen deutlich über denen, die für die Bearbeitung mittels CO_2-Laser benötigt werden. Dieser Zusammenhang kann durch den geringeren Absorptionsgrad von beschichteten Quarzglas-Substraten bei 1070 nm im Vergleich zu 10600 nm erklärt werden (vgl. Bild 46). Durch die unterschiedlichen Betriebsmodi der beiden Laserstrahlquellen (PWM und Dauerstrichbetrieb) ist auch ein Vergleich der effektiven Wechselwirkungszeiten nicht sinnvoll.

Bild 61: Leitfähigkeiten von Einzelspuren, die mit einem Faser-Laser (Emissionswellenlänge: 1070 nm) in Raumluft bearbeitet werden. Die Anpassung der Flächenenergie wird über die Variation der Laserleistung realisiert.

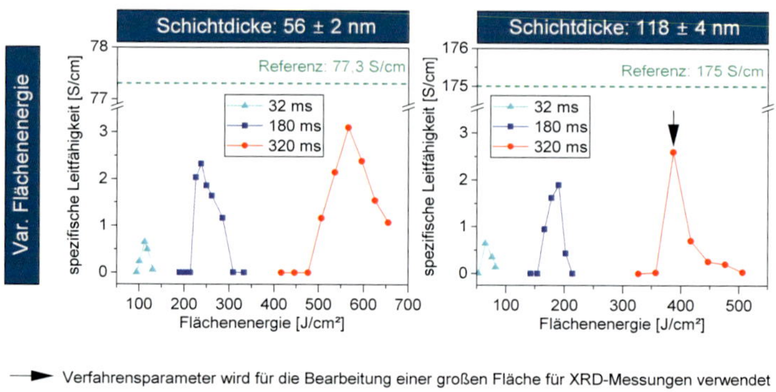

Die mit Einzellinien bearbeiteten Schichten mit der höchsten gemessenen Leitfähigkeit bei einer Schichtdicke von 118 nm (vgl. markierter Verfahrensparameter in Bild 61) wird mittels Lichtmikroskopie analysiert. Die Aufnahme ist in zwei unterschiedlichen Vergrößerungen in Bild 62 dargestellt. Optisch lassen sich vier Bereich der Bearbeitung unterscheiden. Bereich 1 ist die unbearbeitete, pyrolysierte Schicht. In Bereich 2 ist ein Farbumschlag zu erkennen. Dieser Bereich wird als Wärmeeinflusszone der Laserbearbeitung definiert. Zwischen den Bereichen 2 und 3 ist ein deutlicher Farbumschlag zu blau mit einer scharfen Kante erkennbar. Dieser Farbumschlag wird vermutlich durch die Bildung einer kristallinen Phase beim Erreichen einer bestimmten Schichttemperatur hervorgerufen. In Bereich 4 erscheint die bearbeitete Linie heller und weist eine körnige Struktur auf, ähnlich der mittels CO_2-Laserstrahlung bearbeiteten Einzelspur in Bild 58. Diese Struktur unterscheidet sich deutlich von der homogenen Schichtmorphologie, wie sie bei konventionell kristallisierten Schichten vorliegt (vgl. Bild 35). Aufgrund des Farbumschlags im Vergleich zu Bereich 3 liegt hier vermutlich eine andere Phase mit entsprechend anderen optischen Eigenschaften vor.

Bild 62: Lichtmikroskopische Aufnahme einer laserbearbeiteten Spur (λ = 1070 nm). Die unterschiedlichen Bereiche sind mit 1-4 gekennzeichnet und unten im Bild benannt. Schichtdicke = 120 nm

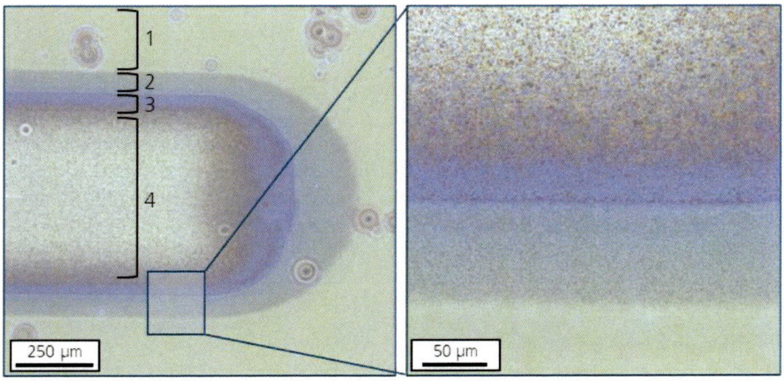

1 – Pyrolysierte, unbearbeitete Schicht
2 – Wärmeeinflusszone Laserbearbeitung
3 – Kristalline Phase 1
4 – Kristalline Phase 2

Da in den lichtmikroskopischen Aufnahmen der bearbeiteten Schicht topologische Strukturen nicht von Änderungen der optischen Eigenschaften innerhalb der Schicht unterschieden werden können, werden zusätzlich REM-Aufnahmen an einer Bruchkante dieser Spur angefertigt. Diese sind in Bild 63 dargestellt. Die Risse und Ausbrüche, die vor allem im linken Bild zu sehen sind, entstehen beim Brechen der Proben und nicht durch die Laserbearbeitung. Einer dieser Ausbrüche wird genutzt, um den Querschnitt der Schicht sichtbar zu machen (rechts im Bild). Im Vergleich zu den Aufnahmen der, mittels CO_2-Laserstrahlung bearbeiteten Spur im vorigen Kapitel ist hier keine Kornstruktur zu erkennen. Auch die körnige Struktur, die auf den lichtmikroskopischen Aufnahmen sichtbar ist, kann in den REM-Aufnahmen der Topologie nicht beobachtet werden. Zwischen Quarzglas-Substrat und LNO-Schicht ist keine deutliche Grenze sichtbar. Bei einer Schichtdicke von 118 nm sollte sich diese Grenze rechts im Bild abzeichnen. Der fehlende Kontrast zwischen Substrat und Schicht kann ein Hinweis auf eine ausgeprägte Diffusion zwischen LNO-Schicht und Quarzglas-Substrat sein. Diese Möglichkeit wird später im Kapitel diskutiert.

Bild 63: REM-Aufnahme der Bruchkante einer laserbearbeiteten Einzellinie in zwei unterschiedlichen Vergrößerungen. Aufnahme erfolgt in diesem Fall senkrecht von oben auf die bearbeitete Fläche.

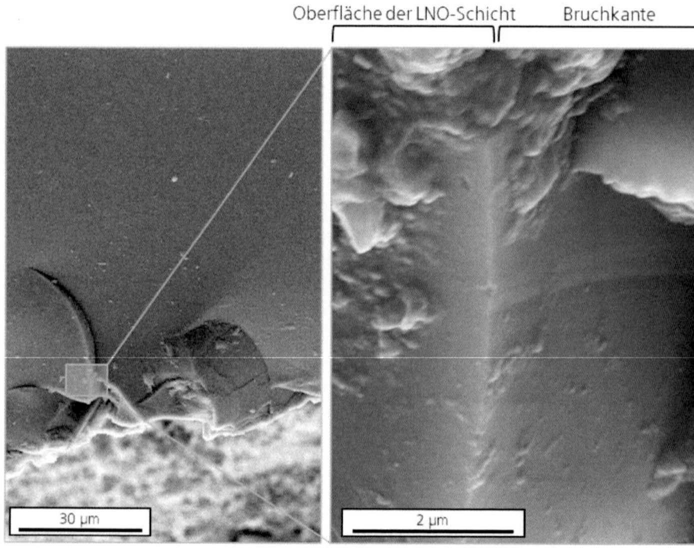

Der in Bild 61 markierte Verfahrensparameter wird verwendet, um entsprechend des Vorgehens im vorigen Kapitel eine Probe flächig zu bearbeiten und anschließend XRD-Messungen durchführen zu können. Die Ergebnisse der Messung sind in Bild 64 dargestellt. Die Intensität der Reflexe ist deutlich höher als bei den Schichten, die mittels CO_2-Laserstrahlung bearbeitet werden. Eine NiO-Phase kann identifiziert werden. Der im Bild mit x gekennzeichnete Reflex kann keiner Phase eindeutig zugeordnet werden. An dieser Position (2 Theta = 33°) weisen alle Phasen aus dem La-Ni-O-System Reflexe auf. Eine eindeutige Zuordnung der Reflexe ist daher nicht möglich. Die restlichen Reflexe können einer La-O-Si-Phase der Summenformel $La_{9,33}O_{26}Si_6$ zugeordnet werden [133]. Dieses Ergebnis belegt, dass bei der Bearbeitung von LNO-Schichten auf Quarzglas-Substraten mit einem Faser-Laser eine Mischphase mit dem Silizium aus dem Quarzglas-Substrat gebildet wird. Diese Beobachtung liefert eine mögliche Erklärung für das Fehlen eines erkennbaren Übergangs zwischen LNO-Schicht und Substrat in den REM-Aufnahmen aus Bild 63. Die Wechselwirkungszeit von 320 ms ist demnach ausreichend, um die Diffusion von Silizium in die LNO-Schicht sowie die Bildung der angegebenen Kristallphase zu ermöglichen. Bei einer mittels Heizelement kristallisierten Schicht kann diese Si-haltige Mischphase nicht nachgewiesen werden. Diese Ergebnis spricht dafür, dass bei der Bearbeitung mit einem Faser-Laser im betrachteten Parameter-Fenster erheblich höhere Temperaturen auftreten wodurch die Diffusion von Si-Atomen ermöglich wird. Die unterschiedlichen Farben in den Bereichen 1-4 der bearbeiteten Einzellinien in den lichtmikroskopischen Aufnahmen in Bild 62 könnten durch unterschiedliche Brechungsindizes verschiedener kristallographischer Phasen hervorgerufen werden. Durch die geringe örtliche Auflösung der XRD-Messung kann nicht zwischen verschiedenen Kristalliten unterschieden werden. Eine Zuordnung der Farben zu möglichen kristallographischen Phasen ist daher nicht möglich. Durch das während der Bearbeitung erzeugte Temperaturprofil in der Schicht sind die Bedingungen für die Bildung dieser Phase evtl. nur in einem schmalen Bereich gegeben.

Bild 64: Röntgendiffraktogramm einer mittels Faser-Laserstrahlung kristallisierten LNO-Schicht auf einem Quarzglas-Substrat (Schichtdicke = 120 nm). Die Reflexpositionen der Referenzphase $La_{9,33}O_{26}Si_6$ ist der COD auf Basis der Untersuchungen aus [133] entnommen.

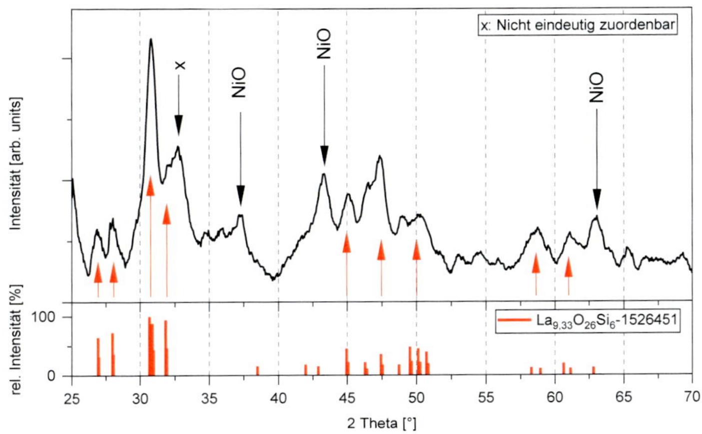

Aus den Ergebnissen in diesem Kapitel können folgende Aussagen zur laserbasierten Kristallisation dünner LNO-Schichten mit einem Faser-Laser der Emissionswellenlänge 1070 nm abgeleitet werden: Dünne LNO-Schichten können mit Laserstrahlung der Wellenlänge 1070 nm und Wechselwirkungszeiten zwischen 32 und 320 ms kristallisiert werden. Mit steigender Wechselwirkungszeit können bei einer Schichtdicke von 120 nm Leitfähigkeiten bis 3 S/cm erreicht werden. Dieser Wert liegt ca. 2 Größenordnungen unter der Leitfähigkeit einer vergleichbaren Schicht, die konventionell über 10 Minuten kristallisiert wird. Die gemessenen Leitfähigkeiten können entweder durch einen geringen Volumenanteil von leitfähigem $LaNiO_3$ in der Schicht oder einer geringen Leitfähigkeit einer der dominanten Phasen hervorgerufen werden. Bei der Laserbearbeitung der LNO-Schichten auf Quarzglas-Substraten entsteht bei einer Wechselwirkungszeit von 320 ms eine La-O-Si-Phase durch die Diffusion von Silizium in die LNO-Schicht. Diese Phase weist in REM-Aufnahmen keine charakteristische Struktur wie z.B. topologisch sichtbare Kristallite auf. Mit den untersuchten Verfahrensparametern und Probeneigenschaften lassen sich keine Schichten mit einem nachweislich hohen Anteil an $LaNiO_3$-Phase und elektrischer Leitfähigkeit über 100 S/cm herstellen.

Die Ergebnisse in diesem Kapitel deuten darauf hin, dass bei der Bearbeitung mit Faser-Laserstrahlung ähnliche Herausforderungen wie bei der Laserbearbeitung mit CO_2-Laserstrahlung auftreten. Die in Kapitel 6.3 diskutierte Zeitabhängigkeit der Kristallisation der $LaNiO_3$-Phase scheint auch hier ein beschränkender Parameter zu sein. Da durch Anpassen der Laserbearbeitungsparameter (Wellenlänge und Wechselwirkungszeit) kein zielführender Ansatz abgeleitet werden kann, werden andere in Bild 33 dargestellte Einflussfaktoren bzw.

Verfahrensparameter untersucht, um eine schnellere Kristallisation einer $LaNiO_3$-Phase mittels Laserstrahlung zu realisieren.

8.3 Einfluss der Gasatmosphäre bei der laserbasierten Kristallisation von LNO

Wie bereits in Kapitel 6.5 diskutiert spielt die Gasatmosphäre während der Kristallisation von LNO eine wichtige Rolle. Die Verfügbarkeit von Sauerstoff kann dabei die Bildung einer leitfähigen $LaNiO_3$-Phase begünstigen. In diesem Kapitel wird untersucht, in welchem Maße eine Änderung der Gasatmosphäre während der Laserbearbeitung die erreichbare Leitfähigkeit beeinflusst. Dazu werden Untersuchungen bei unterschiedlichen Sauerstoff-Partialdrücken durchgeführt. Für die Versuche wird die in Bild 65 dargestellte Prozesskammer verwendet. Das Quarzglas-Fenster weist bei einer Wellenlänge von 1070 nm einen Transmissionsgrad von 95 ± 2% auf. Der dadurch erzeugte Leistungsverlust ist bei der Auswertung berücksichtigt. Für langwellige Laserstrahlung (CO_2-Laser: 10600 nm) steht kein ausreichend transparentes und stabiles Fenster zur Verfügung, um diese Untersuchungen durchzuführen. Die Bearbeitung erfolgt daher lediglich mit Faser-Laserstrahlung (vgl. Kapitel 8.2). Die Leitfähigkeit von laserbearbeiteten Einzellinien wird mittels 4-Punkt-Messung bestimmt. Optional kann ein Heizelement in die Prozesskammer integriert werden, um Referenzproben herzustellen. Für die Laserversuche wird das Heizelement entfernt.

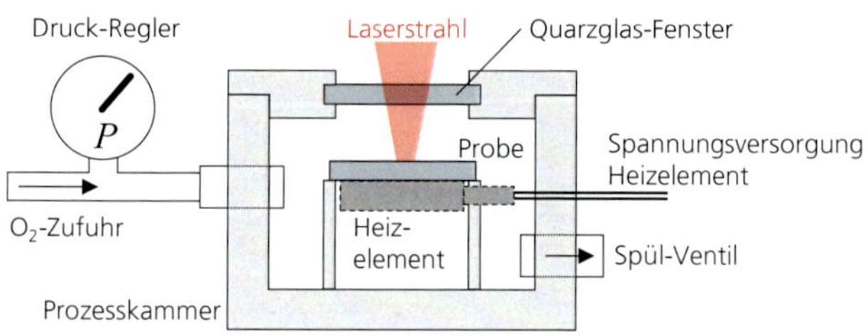

Bild 65: Schematische Darstellung des Versuchsaufbaus. In der Prozesskammer kann ein Sauerstoffpartialdruck zwischen 0 bar (reine Stickstoff-Atmosphäre) und 3,0 bar eingestellt werden.

Die Untersuchungen bei Raumluft zeigen, dass bei Wechselwirkungszeiten von 320 ms Silizium aus dem Quarzglas-Substrat in die LNO-Schicht eindiffundieren kann und dort zur Bildung einer nicht leitfähigen Phase führt. Daher werden die Wechselwirkungszeiten in dieser Versuchsreihe auf 6,4 ms reduziert, was einer Scangeschwindigkeit von 100 mm/s entspricht.

Die Ergebnisse der Leitfähigkeitsmessung an laserbearbeiteten Einzellinien sind in Bild 66 dargestellt. Bei einem festen Sauerstoff-Partialdruck ähnelt der Verlauf der Leitfähigkeit in Abhängigkeit der Flächenenergie dem der Versuche in Raumluft aus diesem Kapitel. Das Maximum der Leitfähigkeit nimmt mit dem Sauerstoff-Partialdruck bis zu einem Wert von 2 S/cm bei 3,0 bar zu und steigt damit im Vergleich zur Bearbeitung ohne Sauerstoff um den Faktor 10. Gleichzeitig sinkt die notwendige Flächenenergie, die zum Erreichen der maximalen Leitfähigkeit notwendig ist. Die maximal erreichte spezifische Leitfähigkeit liegt zwar unter dem Maximalwert aus Bild 61, allerdings wird dieser Versuch auch bei erheblich kürzeren Wechselwirkungszeiten durchgeführt. Die bisher vorgestellten Ergebnisse weisen darauf hin, dass durch kürzere Wechselwirkungszeiten geringere spezifische Leitfähigkeit zu erwarten sind.

Bild 66: Leitfähigkeiten von laserbearbeiteten Einzelspuren bei unterschiedlichen Sauerstoff-Partialdrücken. Scangeschwindigkeit: 100 mm/s → Wechselwirkungszeit: 6,4 ms.

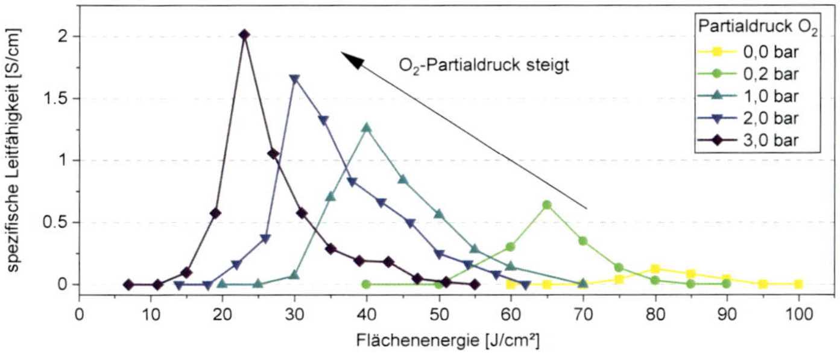

Wie in den vorangegangenen Versuchen wird der Verfahrensparameter, der zu der höchsten Leitfähigkeit führt für die flächige Bearbeitung genutzt, um anschließend XRD-Messungen durchzuführen. In Bild 67 sind die gemessenen Röntgendiffraktogramme einer laserbearbeiteten Probe und einer Referenzprobe dargestellt. Die Leitfähigkeit der Referenzprobe beträgt 276 S/cm. Beide Proben (laser- und konventionell) werden bei einem Sauerstoffpartialdruck von 3,0 bar bearbeitet. Das Signal bei der Messung der laserbearbeiteten Probe wird geglättet und skaliert, um die Reflexpositionen beider Messungen vergleichen zu können. Im Vergleich zu der Referenzprobe kann bei der laserbearbeiteten Probe eindeutig eine NiO-Phase identifiziert werden. Durch die Überlagerung der Reflexpositionen der La_2NiO_4- und der $LaNiO_3$-Phase können diese nicht eindeutig zugeordnet werden. Die Ergebnisse legen jedoch nahe, dass beide Phasen entstehen.

Bild 67: Röntgendiffraktogramme einer laserbearbeiteten Probe und einer Referenzprobe. Beide Proben werden unter 3,0 bar Sauerstoff behandelt. Die Referenzprobe wird für 10 Minuten bei 650 °C kristallisiert.

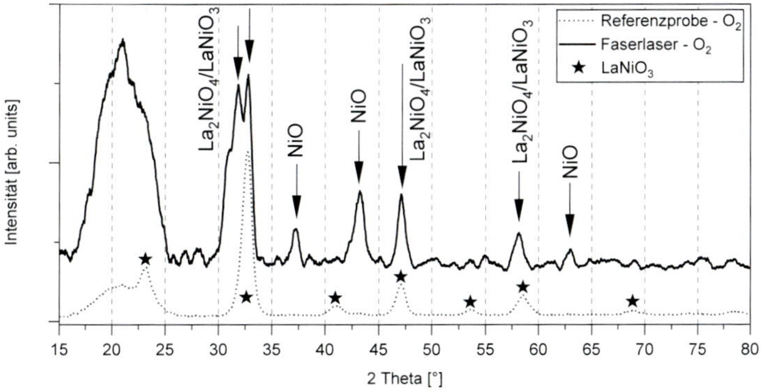

Die geringen gemessenen Leitfähigkeiten (Bild 66) im Vergleich zur Referenz legen jedoch nahe, dass die gemessenen Röntgenreflexe einer La_2NiO_4-Phase zugeordnet werden müssen und lediglich ein geringer Anteil an $LaNiO_3$-Phase vorliegt. In diesem Fall sind die $LaNiO_3$-Kristallite demnach elektrisch voneinander isoliert und tragen daher nicht maßgeblich zur Leitfähigkeit der Schichten bei. Im Vergleich zu dem in Bild 64 dargestellten Diffraktogramm kann keine La-O-Si-Phase identifiziert werden.

Die Ergebnisse der Laserbearbeitung von dünnen LNO-Schichten bei unterschiedlichen Sauerstoffpartialdrücken und kurzen Wechselwirkungszeiten mit einem Faser-Laser liefern folgende Rückschlüsse: Dünne LNO-Schichten können mit Laserstrahlung der Wellenlänge 1070 nm und Wechselwirkungszeiten von 6,4 ms kristallisiert werden. Durch die Erhöhung des Sauerstoffpartialdruckes während der Bearbeitung bis zu 3,0 bar kann eine Leitfähigkeit von 2 S/cm erreicht werden. Durch eine kurze Wechselwirkungszeit von 6,4 ms kann die Bildung einer La-O-Si-Phase unterbunden werden. Mit steigendem Sauerstoffpartialdruck nimmt die benötigte Flächenenergie für die Kristallisation ab. Eine mögliche Erklärung ist die beschleunigte Diffusion von Sauerstoff in die LNO-Schichte durch den erhöhten Konzentrationsgradienten. Dadurch steht ausreichend Sauerstoff in der Schicht zur Verfügung und das Gleichgewicht wird Richtung der sauerstoffreichen $LaNiO_3$-Phase verschoben. Diese Verschiebung könnte die notwendige Energie zur Kristallisation senken. XRD-Messungen der laserbearbeiteten Schichten zeigen, dass kein phasenreines $LaNiO_3$ gebildet wird. Dieses Ergebnis erklärt die geringe elektrische Leitfähigkeit dieser Schichten. Eine Erhöhung des Sauerstoffpartialdruckes allein führt demnach nicht zum Ziel, LNO-Schichten mit einer elektrischen Leitfähigkeit über 100 S/cm mittels Laserstrahlung herzustellen. In Kombination weiterer Anpassungen (siehe folgendes Kapitel) kann die Leitfähigkeit der Schichten jedoch deutlich gesteigert werden.

8.4 Entwicklung eines angepassten Laserkristallisationsverfahrens

Die Untersuchungen aus Kapitel 6.4 und den Kapiteln 8.1 und 8.2 zeigen, dass die Kristallisation von $LaNiO_3$ in einem kleinen Prozessfenster abläuft. Die Temperatur muss ausreichend hoch sein, um Keimbildung und -wachstum der $LaNiO_3$ Kristallite zu ermöglichen, darf jedoch die Temperaturgrenze zur Bildung von nicht leitfähigem La_2NiO_4 nicht überschreiten. Die Ergebnisse weisen außerdem darauf hin, dass eine Erhöhung der Wechselwirkungszeit bei der Laserstrahlbearbeitung zu höheren Leitfähigkeiten der LNO-Schicht führt. Um diesen Zusammenhang weiter zu untersuchen und für längere Wechselwirkungszeiten zu validieren, ist jedoch eine Prozessregelung für die Einstellung einer konstanten Temperatur während der Laserbearbeitung notwendig. Für die Untersuchung wird ein Versuchsstand entwickelt, der über eine pyrometrische Temperaturmessung und einen Regelkreis die Ausgangsleistung eines Diodenlasers so einstellt, dass ein Soll-Temperaturwert gehalten wird. Der Aufbau sowie der Regelkreis sind schematisch in Bild 68 dargestellt.

Als Laserstrahlquelle kommt ein fasergeführter Diodenlaser (Emissionswellenlänge 980 nm) mit einer maximalen Ausgangsleistung von 6000 W zum Einsatz (Laserline LDM6000). Die optischen Eigenschaften der verwendeten Proben bei 1070 nm und 980 nm unterscheiden sich nur geringfügig. Daher können die Erkenntnisse aus Kapitel 8.2 direkt übertragen werden. Eine Zoomoptik mit Homogenisator erzeugt einen rechteckigen Laserspot, dessen Kantenlängen stufenlos zwischen 3,5 x 5 mm^2 (kleinster Spot) und 13,5 x 27 mm^2 (größter Spot) eingestellt werden können. Die Intensitätsverteilung innerhalb des Spots ist dabei homogen und entspricht einem rechteckigen Top-Hat-Profil. Die

Spezifikationen des verwendeten Lasers sind in Anhang 11.6 aufgeführt. Auf die belichtete Fläche wird gleichzeitig ein Pyrometer (Mergenthaler Einfarben-Pyrometer) gerichtet, welches Wärmestrahlung bei einer Wellenlänge zwischen 1,7 und 1,9 µm bei einer Messfrequenz von 10 kHz detektiert. Das Pyrometer ist mit einem Regler ausgestattet, der bei einer Frequenz von 1 kHz über ein analoges Spannungssignal die optische Ausgangsleistung des Lasers regelt. Der Messstrahl wird so ausgerichtet, dass er vollständig innerhalb des Laserspots liegt. Dieser wird für die Versuche auf eine Größe von 6 x 6 mm² eingestellt, um später Analysen der bearbeiteten Flächen (XRD, elektrische Leitfähigkeit) durchführen zu können.

Im ersten Schritt erfolgt die Untersuchung des aufgenommenen Pyrometersignals (Kapitel 8.4.1). Wie in Kapitel 7 bereits eingehend diskutiert, durchlaufen die optischen Eigenschaften der LNO-Schichten deutliche Änderungen in Abhängigkeit der Temperatur und der gebildeten kristallographischen Phasen. Dadurch kann sich auch das Emissionsverhalten der Schichten verändern, wodurch die optische Temperaturmessung mittels Pyrometrie beeinflusst werden kann. Im zweiten Schritt (Kapitel 8.4.2) erfolgt die systematische Variation der in Bild 68 dargestellten Verfahrensparameter.

Bild 68: Schematische Darstellung des Aufbaus zur temperaturgeregelten Laserbearbeitung. Die Zoomoptik erzeugt einen rechteckigen Laserspot auf der Probenoberfläche mit homogener Intensitätsverteilung. Die Kamera dient der Positionierung des Messstrahls des Pyrometers relativ zur Position des Laserspots (siehe vergrößerter Ausschnitt der Probe).

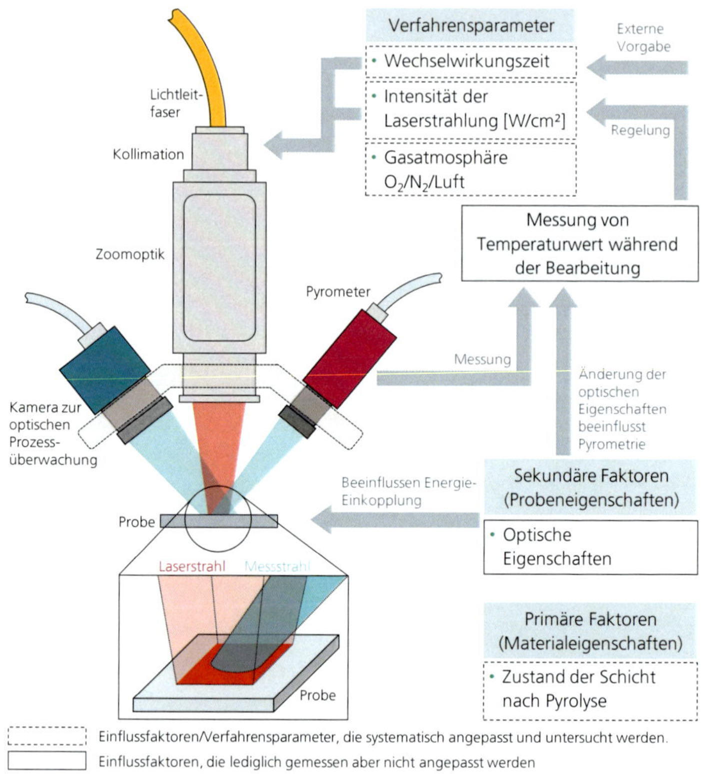

Die experimentellen Untersuchungen werden an Schichten durchgeführt, die nach der Pyrolyse unterschiedliche Zustände aufweisen, um den Einfluss des Schichtzustandes zu untersuchen (vgl. Kapitel 5). Dafür werden unterschiedliche Funktionstinten (Nitrat- und Citrat-Lösungen) sowie unterschiedliche Pyrolysebedingungen verwendet. Da durch die laserbasierte Kristallisation der nitrat-basierten Schichten nur geringe spezifische Leitfähigkeiten erreicht werden können, wird im folgenden Abschnitt die Citrat-Lösung verwendet (vgl. Bild 28). Die Hypothese, dass der Oxidationszustand der Funktionselemente durch die Bedingungen während der Pyrolyse sowie der Zusammensetzung der Funktionstinte beeinflusst wird, soll damit geprüft werden. Durch die reduzierende Wirkung der Zitronensäure kann potenziell der Oxidationszustand der Funktionselemente beeinflusst und so die Bildung der stabilen Phasen NiO und La_2O_3 unterdrückt werden, wie bereits in Kapitel 5.2 diskutiert.

8.4.1 Evaluation der Verfahrensregelung mittels pyrometrischer Temperaturmessung

Im ersten Schritt der Verfahrensentwicklung erfolgt die Untersuchung des Zusammenhangs zwischen dem gemessenen Pyrometersignal und der geregelten Laserleistung. Die Pyrolyse der dafür verwendeten Schichten wird mit einem Heizelement unter unterschiedlichen Atmosphären durchgeführt (Stickstoff, Luft und reiner Sauerstoff). Die Laserbearbeitung der Schichten erfolgt unter Raumluft.

Da sich die optischen Eigenschaften und damit auch der Emissionsgrad der Schicht während der Bearbeitung durch den Temperaturanstieg ändern, ist die Kalibration des Pyrometers auf einen festen Emissionsgrad der Schicht nicht sinnvoll. Der Emissionskoeffizient wird im Pyrometer für alle Versuche auf einen Wert von 1 gesetzt. Im Regelkreis wird ein linearer Temperaturanstieg mit einer definierten Änderungsrate eingestellt und die daraufhin geregelte Laserleistung betrachtet. Da der Emissionsgrad nicht bekannt ist, wird in den folgenden Ergebnissen lediglich ein dimensionsloser Temperaturwert angenommen, welcher nicht der realen Schichttemperatur entspricht. In Bild 69 sind die Temperaturwerte (Soll- und Messwert) sowie das Regelsignal für verschiedene Schichtmodifikationen dargestellt. Das Regelsignal entspricht dabei der prozentualen Ausgangsleistung der Laserstrahlquelle. Für die Versuche wir mit der Zoomoptik ein rechteckiger Spot (8 x 8 mm^2) eingestellt. Die Laserleistung wird auf einen Maximalwert von 4800 W (80 % der Maximalleistung bzw. 17,14 kW/cm^2) limitiert. Die Änderungsrate des Temperaturwertes wird auf 425 s^{-1} eingestellt. Die Herstellung der verwendeten Proben wird entsprechend Kapitel 4.2 durchgeführt.

Für alle in Bild 69 dargestellten Schichtmodifikationen folgt der Messwert dem eingestellten Sollwert bis zu einem Temperaturwert von ~750. Danach fällt der Messwert deutlich ab, das Regelsignal erreicht den eingestellten Maximalwert. Das Regelsignal weist für die verschiedenen Schichtmodifikationen bzw. Pyrolysebedingungen charakteristische und reproduzierbare Verläufe auf. Die Schwankungen, welche für Zeiten unter 1,4 s auftreten, werden durch Änderungen des Emissions- und Absorptionsgrads der Schichten hervorgerufen. Nach dem Kirchhoffschen Strahlungsgesetzt entspricht der gerichtete spektrale Emissionsgrad dem gerichteten spektralen Absorptionsgrad, wenn Effekte wie Fluoreszenz ausgeschlossen werden können [134]. Ändert sich während der Laserbearbeitung der Absorptions- und Emissionsgrad und die Änderungsrate des Temperaturwerts weicht von den vorgegebenen Werten ab, ändert der Regler die Laserleistung, um diese Abweichung zu kompensieren. Die Schwankungen werden also durch Änderungen des Absorptions- und Emissionsgrades bei unterschiedlichen Temperaturwerten hervorgerufen. Die Ergebnisse zeigen, dass diese Änderung deutlich von den Bedingungen während der Pyrolyse abhängen. Die Schichten durchlaufen demnach unterschiedliche optische Zustände, je nachdem welche Oxidations- und Bindungszustände der Funktionselemente vorliegen. Vor allem verschiedene Modifikationen des Nickel-Oxids können unterschiedliche optische Eigenschaften aufweisen. Besonders der charakteristische Peak im Regelsignal bei der Laserkristallisation einer unter N_2-Atmosphäre pyrolysierten Schicht, weist auf eine Änderung des Oxidationszustandes hin (Bild 69 rechts bei ca. 0,75 s). Aufgrund des fehlendes Sauerstoffs während der Pyrolyse laufen die entsprechenden Oxidationsprozesse erst beim erneuten Erhitzen unter Raumluft bei der Laserbearbeitung ab.

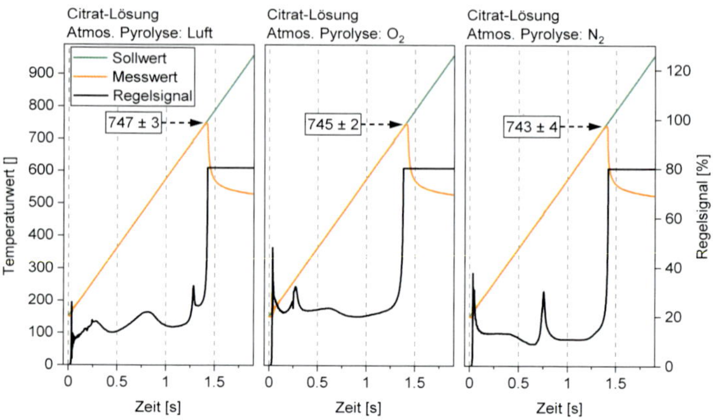

Bild 69: Temperaturwerte (Soll- und Messwert) sowie Regelsignal des für verschiedene Atmosphären während der Pyrolyse. Die Temperaturwerte des Phasenübergangs sind inkl. der Standardabweichungen vom Mittelwert dreier Messungen im Bild dargestellt.

Beim Erreichen des Maximums des gemessenen Temperaturwertes wird, selbst durch den Anstieg des Regelsignal auf das eingestellte Maximum, der Sollwert nicht mehr erreicht. Die Schichten ändern an diesem Punkt ihre Farbe von einem metallischen Grau zu transparent, wie bereits in Kapitel 6.4 erläutert. Der Absorptionsgrad für λ = 980 nm fällt dabei so stark ab, dass selbst eine große Laserintensität nicht ausreicht, um die Solltemperatur zu erreichen. Dieser Temperaturwert stellt den Phasenübergang von $LaNiO_3$ (bzw. nicht stöchiometrischen LNO-Verbindungen) zu transparentem La_2NiO_4 dar. Wie in Bild 69 markiert, stimmen diese Temperaturwerte innerhalb des Fehlers für alle Pyrolysebedingungen überein. Dieser Phasenübergang kann somit als Referenzwert für die Einstellung des Emissionskoeffizienten verwendet werden. Für diese Referenzierung muss jedoch ausgeschlossen werden, dass der Phasenübergang von der Heizrate abhängt. Wie bereits in den vorangehenden Kapiteln gezeigt, hat die Heizrate bzw. die Wechselwirkungszeit einen Einfluss auf die Ausbildung einer kristallinen $LaNiO_3$-Phase. Daher kann auch ein Einfluss auf den Phasenübergang zu La_2NiO_4 nicht ausgeschlossen werden.

Um den Zusammenhang zwischen der Änderungsrate des Temperaturwerts und den charakteristischen Punkten im Regelsignal der Laserleistung genauer zu untersuchen, werden Schichten bei unterschiedlichen Änderungsraten bearbeitet. Für diese Untersuchungen werden Schichten aus der Citrat-Funktionstinte verwendet, welche unter N_2-Atmosphäre pyrolysiert werden. Diese Schichten weisen bei den Untersuchungen zur Laserkristallisation (vgl. Kapitel 8.4.2) die höchsten Leitfähigkeiten und einen charakteristischen Peak im Regelsignal auf (vgl. Bild 69 rechts). Die Laserbearbeitung wird in Raumluft durchgeführt. Das Verfahren zur Auswertung und die charakteristischen Temperaturwerte sind in Bild 70 dargestellt.

Bild 70: Oben: Darstellung der Temperatur-werte (Sollwert und Messwert); Unten: Regelsignal des Pyrometers – entspricht der prozentualen Ausgangsleistung des Lasers in Abhängigkeit der Zeit. Der Sollwert ist gegenüber dem Messwert um 10 verschoben, um den Verlauf besser sichtbar zu machen.

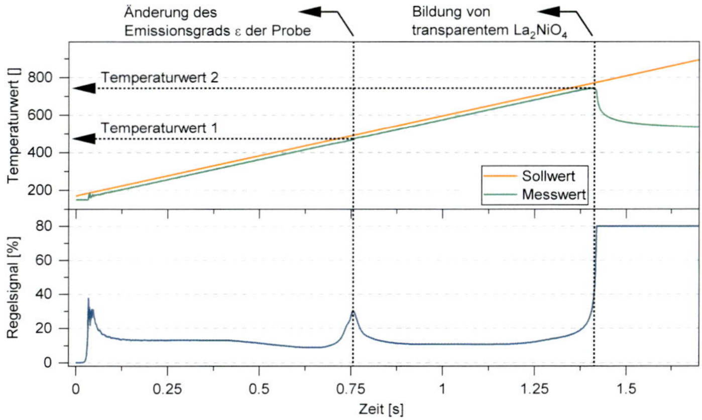

In Bild 71 sind die Temperaturwerte 1 & 2 für verschiedene Änderungsraten des Temperaturwerts dargestellt. Temperaturwert 2 kann für die höchste Änderungsrate (1100 s^{-1}) nicht mehr ermittelt werden, da die zur Verfügung stehende Laserleistung nicht ausreicht, um den Temperaturwert innerhalb der eingestellten Zeit zu erreichen. Beide Temperaturwerte nehmen mit der Änderungsrate zu. Ein linearer Zusammenhang ist jedoch auf Basis der erhobenen Daten nicht erkennbar.

Bild 71: Abhängigkeit der Temperaturwerte 1 & 2 von der Änderungsrate des Temperaturwerts.

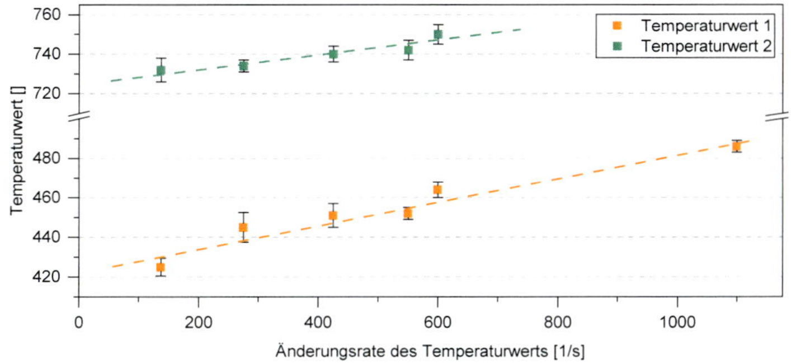

Der Anstieg von Temperaturwert 1 mit der Änderungsrate zeigt, dass der zugrundeliegende Mechanismus, der zur Änderung des Emissionsgrades bei diesem Temperaturwert führt, eine zeitabhängige Komponente aufweist. Wird die Änderung des Emissionsgrades durch Oxidationsprozesse der Funktionselemente hervorgerufen, kann der Diffusionskoeffizient von Sauerstoff in die Schichten ein beschränkender Faktor sein. Der Anstieg von Temperaturwert 2 mit der Änderungsrate weist ebenfalls auf eine Verschiebung des Phasenübergangs zu transparentem La_2NiO_4 zu höheren Temperaturen hin. Diese

Verschiebung kann auch durch zeitabhängige Prozesse wie Diffusion von Sauerstoff in die Schicht oder Keimbildungs- und Keimwachstumsprozesse hervorgerufen werden. Für vergleichbare Dünnschichten aus einer perowskitischen PZT-Phase (Blei-Zirkonat-Titanat) ist bekannt, dass sich der Phasenübergang bei der laserbasierten Kristallisation mit steigender Heizrate zu höheren Temperaturen verschiebt. Fink et al. führen diesen Zusammenhang ebenfalls auf die Zeitabhängigkeit von Diffusionsprozessen in den Schichten zurück. [87]

Durch höhere Änderungsraten des Temperaturwertes kann also der Phasenübergang zur nichtleitenden La_2NiO_4-Phase zu höheren Temperaturen verschoben werden. Dadurch kann das Prozessfenster hinsichtlich der Temperatur zwar vergrößert und so die Kristallisationsgeschwindigkeit tendenziell erhöht werden, der lokale Sauerstoffmangel in der Schicht verhindert jedoch dann die Bildung von leitfähigem $LaNiO_3$. Durch die pyrometrische Regelung des Temperaturwertes kann zwar mit dem gewählten Aufbau keine reale absolute Temperatur bestimmt werden, die charakteristischen Verläufe des Regelsignals erlauben jedoch trotzdem eine präzise Einstellung und Regelung auf einen definierten relativen Temperaturwert. Der Verlauf des Regelsignals kann verwendet werden, um schnell ablaufende Prozesse in den Schichten (z.B. Oxidation) zu untersuchen und Zusammenhänge zwischen Verfahrensparametern und Schichteigenschaften herzustellen.

8.4.2 Laserbasierte Kristallisation einer angepassten LNO-Funktionstinte in einem geregelten Prozess

Durch die pyrometerbasierte Regelung der Laserleistung auf einen Temperaturwert bei der laserbasierten Kristallisation kann der Zusammenhang zwischen den Verfahrensparametern, wie sie in Bild 68 dargestellt sind, systematisch untersucht werden. Um den Zusammenhang von eingestelltem Temperaturwert, der Änderungsrate des Temperaturwertes, dem Einfluss des Zustandes der Proben nach der Pyrolyse und der elektrischen Leitfähigkeit zu untersuchen, werden verschiedene Schichten mit dem Aufbau aus Bild 68 kristallisiert. Die Untersuchungen werden an Schichten durchgeführt, welche aus einer Citrat-Lösung hergestellt werden (vgl. Bild 28). Die Beschichtungsparameter entsprechen dabei denen der Proben aus Kapitel 5. Untersucht werden zwei Schichtkonfigurationen, bei denen die Pyrolyse unter N_2- bzw. O_2-Atmosphäre stattfindet. Die Leitfähigkeit wird mittels 4-Punkt-Messung ermittelt. Entsprechend des Kurvenverlaufs aus Bild 70 werden eine konstante Änderungsrate des Temperaturwertes sowie ein maximaler Temperaturwert eingestellt. Nachdem dieser Temperaturwert erreicht ist, wird der Laser ausgeschaltet. Der so eingestellte Verlauf der Temperatur ähnelt dem, der bei einer kontinuierlichen Bearbeitung auftritt und ist so vergleichbar mit den Versuchen aus Kapitel 8.1 und 8.2. Die Bearbeitung erfolgt in Raumluft. Für jede Pyrolysebedingung (N_2- bzw. O_2-Atmosphäre) werden Referenzschichten mittels Heizelement in Raumluft bei 650 °C für 10 Minuten kristallisiert. Diese Schichten weisen Leitfähigkeiten von 554 S/cm (Pyrolyse in N_2-Atmosphäre) bzw. 694 S/cm (Pyrolyse in O_2-Atmosphäre) auf. Diese Werte stimmen innerhalb des Fehlers mit den Ergebnissen aus Bild 31 überein. Durch die angepassten Pyrolysebedingungen liegen die Werte jedoch deutlich über denen der Referenzschichten aus Bild 57 (Pyrolyse unter Raumluft). Die Schichtdicken betragen nach der Kristallisation 121 ± 8 nm. Zwei Beispiele für die flächig bearbeiteten Schichten sind in Bild

72 dargestellt. Bei hohen Temperaturwerten (740) bildet sich eine nicht leitfähige La_2NiO_4-Schicht. Bei einem Temperaturwert von 720 entsteht eine leitfähige $LaNiO_3$-Schicht. Der Randbereich (hell im Bild) ist nicht leitfähig. Durch die geringere Temperatur am Rand (lateraler Abfluss der Wärme) wird die notwendige Temperatur für die Kristallisation nicht erreicht. Die auf dem Bild sichtbaren Streifen stammen aus der Beschichtung.

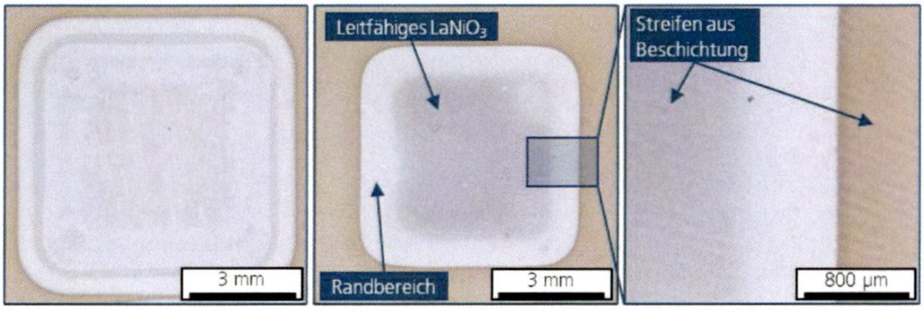

Bild 72: Lichtmikroskopische Aufnahme von, mit Dioden-Laser bearbeitete LNO-Schichten. Links: Temperaturwert 740 → transparentes La_2NiO_4. Mitte und rechts: leitfähige $LaNiO_3$-Schicht.

Die Ergebnisse der Parameterstudie sind in Bild 73 dargestellt. Für beide Schichtkonfigurationen steigt die erreichte Leitfähigkeit mit dem eingestellten Temperaturwert bis zu einem Maximum bei 720 auf 112 S/cm (O_2-Atm.) bzw. 219 S/cm (N_2-Atm.) an. Bei höheren Temperaturwerten tritt, entsprechend der Darstellung in Bild 70, die Phasenumwandlung in nicht leitfähiges La_2NiO_4 ein. Die höchsten Leitfähigkeiten werden außerdem bei geringen Änderungsraten des Temperaturwertes erreicht. Verglichen mit der konventionell kristallisierten Schicht entsprechen diese Werte 52,5 % bzw. 16,1 % der Referenzleitfähigkeit.

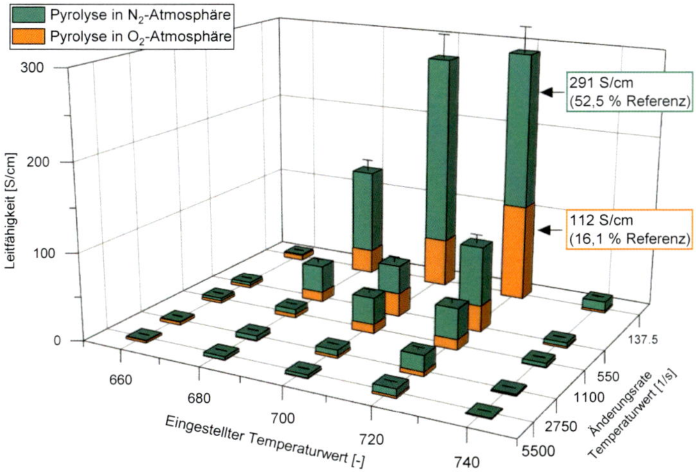

Bild 73: Abhängigkeit der erzielten Leitfähigkeit nach der Laserbearbeitung von unter O_2- oder N_2-Atmosphäre pyrolysierten LNO-Schichten auf Quarzglas-Substraten von eingestelltem Temperaturwert und Änderungsrate des Temperaturwerts. Die Fehlerbalken stellen die Standardabweichung des Mittelwerts der gemessenen Leitfähigkeiten von jeweils drei bearbeiteten Schichten dar.

Die Schichten mit der höchsten Leitfähigkeit aus Bild 73 werden mittels Röntgendiffraktometrie analysiert und mit der Referenzprobe verglichen (Pyrolyse in N_2-Atmosphäre). Die Röntgendiffraktogramme sind in Bild 74 dargestellt. Im Vergleich zur Referenzprobe weist die laserkristallisierte Schicht neben den Reflexen der $LaNiO_3$-Phase noch Reflexe einer NiO und einer möglichen La_2NiO_4-Phase auf. Das Messignal der laserkristallisierten Probe ist im zum Rauschen schwach ausgeprägt. Daher können nicht alle auftretenden Reflexe eindeutig einem Messignal zugeordnet werden. Eine Si-haltige Phase kann jedoch im Vergleich zu den Ergebnissen der Bearbeitung mit dem Faser-Laser (vgl. Bild 64) nicht nachgewiesen werden. Die tatsächliche Temperatur ist demnach bei der Bearbeitung mit dem Dioden-Laser in diesem Kapitel geringer, wodurch die Diffusion von Si unterdrückt wird. Die, im Vergleich zu der Referenzprobe, hohen Leitfähigkeiten werden nicht durch hohe Temperaturen, sondern durch längere Wechselwirkungszeiten und die angepassten Eigenschaften der verwendeten Funktionstinte erreicht (Wechselwirkungszeiten Faser-Laser: 320 ms; Dioden-Laser: > 1 s).

Das schwache Messsignal kann durch eine geringe kristalline Fernordnung oder ein hohes Maß an Fehlstellen im $LaNiO_3$-Gitter hervorgerufen werden. Durch eine hohe Fehlstellenkonzentration kann auch die Leitfähigkeit der Schichten herabgesetzt werden.

Bild 74: Röntgendiffraktogramm einer laserkristaliisierten und einer mittels Heizelement kristallisierten Probe. Beide Schichten werden sind N_2-Atmosphäre pyrolyisert. Schichtdicke kristalline Referenzprobe: 121 nm auf Quarzglas-Substrat.

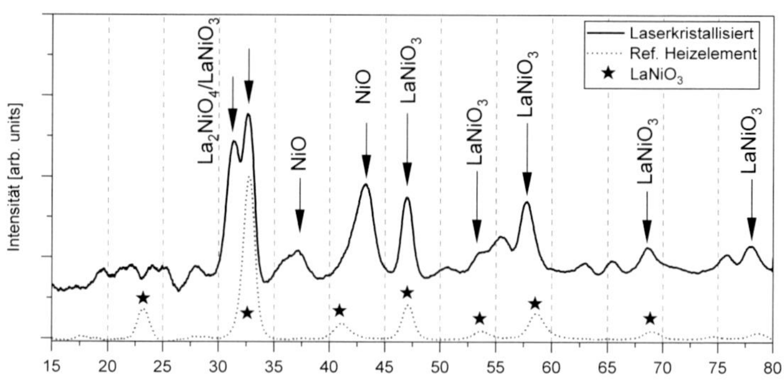

Die erreichten Leitfähigkeiten liegen deutlich über denen, die in den vorangehenden Kapiteln bei einer laserbasierten Kristallisation erreicht werden. Diese Erhöhung wird durch die Verwendung der angepassten Funktionstinte (Citrat-Lösung), der Anpassung der Gasatmosphäre bei der Pyrolyse sowie der gesteigerten Wechselwirkungszeit im Bereich einiger Sekunden zwischen Laserstrahl und Schicht hervorgerufen. Mittels Röntgendiffraktometrie können in laserkristallisierten Schichten, trotz vergleichsweise hoher Leitfähigkeiten, noch NiO- und La_2NiO_4-Fremdphasen nachgewiesen werden. Dieses Ergebnis weist darauf hin, dass zumindest lokal die Temperatur überschritten wird und die $LaNiO_3$-Phase teilweise in die Hochtemperaturphasen zerfällt.

Durch diese systematischen Anpassungen können Leitfähigkeiten erreicht werden, die technisch relevant sind und in der Größenordnung von konventionell kristallisierten Schichten liegen. Die Ergebnisse zeigen, dass die Atmosphäre während der Pyrolyse einen deutlichen Einfluss auf die erreichten Leitfähigkeiten laserkristallisierter Schichten hat. Wie in Kapitel 5 bereits diskutiert, spielt der Oxidationszustand der Funktionselemente nach der Pyrolyse eine entscheidende Rolle bei der schnellen Phasenumwandlung in eine leitfähige $LaNiO_3$-Phase. Um diesen Zusammenhang näher zu untersuchen, sind andere Analyseverfahren wie beispielsweise Röntgenphotoelektronenspektroskopie (XPS) notwendig. Mit diesem Verfahren kann der Oxidationszustand einzelner Elemente in einer Schicht bestimmt werden.

8.5 Zusammenfassung

Die Ergebnisse aus Kapitel 8 zur laserbasierten Funktionalisierung dünner LNO-Schichten können wie folgt zusammengefasst werden:

- Bei der Kristallisation von LNO-Schichten aus Nitrat-Lösung mittels CO_2-Laserstrahlung können spezifische Leitfähigkeiten von maximal 0,9 S/cm erreicht werden. Die Absorption der Strahlung findet maßgeblich im Quarzglas-Substrat statt. Die bearbeiteten Schichten weisen einen geringen Kristallisationsgrad auf. Eine leitfähige $LaNiO_3$-Phase kann nicht nachgewiesen werden.

- Bei der Kristallisation von LNO-Schichten aus Nitrat-Lösung mittels Faser-Laserstrahlung können spezifische Leitfähigkeiten von maximal 3,1 S/cm erreicht werden. Die Absorption der Strahlung findet maßgeblich in der Schicht statt. Die bearbeiteten Schichten weisen einen geringen Kristallisationsgrad auf. Eine leitfähige $LaNiO_3$-Phase kann nicht nachgewiesen werden. Im Vergleich zur Bearbeitung mit einem CO_2-Laser treten Diffusionsprozesse zwischen Substrat und LNO-Schicht auf, die zur Bildung einer La-Si-O-Phase führen. Durch Steigerung des O_2-Partialdrucks kann die Bildung dieser Phase unterdrückt werden, die erreichten spezifischen Leitfähigkeiten nehmen dadurch jedoch nicht erheblich zu.

- Die optische Überwachung der Temperaturänderung während der Laserbearbeitung erlaubt Rückschlüsse auf die währenddessen ablaufenden Prozesse. Für unterschiedliche Pyrolysebedingungen ändert sich zwar der Temperaturwert des Übergangs zur Hochtemperaturphase La_2NiO_4 nicht, der Verlauf des Regelsignals während des Aufheizvorgangs ändert sich jedoch deutlich. Diese Ergebnisse weisen auf einen deutlichen Einfluss der Oxidationszustände nach der Pyrolyse auf den Kristallisationsprozess hin. Durch die Verwendung von hohen Heizraten kann der Temperaturwert, bei dem sich La_2NiO_4 bildet, zu höheren Temperaturen verschoben werden.

- Durch die Kombination einer angepassten Funktionstinte (Citrat-Lösung), einer definierten Gasatmosphäre während der Pyrolyse und einem geregelten Laserverfahren können kristalline $LaNiO_3$-Schichten hergestellt werden. Die so hegestellten Schichten erreichen Leitfähigkeiten von über 50 % der Leitfähigkeit einer konventionell mittels Heizelement hergestellten Referenzprobe. Diese hohen Leitfähigkeiten werden vermutlich durch eine

Änderung der Oxidationszustände der Funktionselemente La und Ni ermöglicht. Deren Zustand nach der Pyrolyse in Stickstoffatmosphäre aus einer Citrat-Lösung fördert die schnelle Umwandung in $LaNiO_3$. Die Bildung von nichtleitenden Fremdphasen kann dabei jedoch nicht vollständig unterdrückt werden. Dadurch wird die Leitfähigkeit der Referenzprobe nicht vollständig erreicht. Weitere Ursachen können eine geringe kristallographische Fernordnung der $LaNiO_3$-Kristallite, eine hohe Konzentration an Fehlstellen oder eine geringe Kristallitgröße sein.

9 Zusammenfassung und Ausblick

9.1 Zusammenfassung

In der vorliegenden Arbeit wird erstmalig die laserbasierte Kristallisation nasschemisch abgeschiedener Schichten aus Lanthan-Nickel-Oxid (LNO) und deren Einfluss auf die erzielte Kristallstruktur, die Morphologie und die elektrische Leitfähigkeit untersucht. Die übergeordnete Zielsetzung besteht in der Entwicklung eines laserbasierten Verfahrens zur Herstellung dünner LNO-Schichten mit möglichst hoher elektrischer Leitfähigkeit. Die zentrale Herausforderung beinhaltet dabei zum einen die Identifikation und das Verständnis der Einflussgrößen auf die Kristallisation von dünnen LNO-Schichten und zum anderen die Anpassung des Verfahrens sowie der eingesetzten Materialien für ein laserbasiertes Verfahren.

Die nasschemische Herstellung leitfähiger LNO-Schichten aus einer Funktionstinte stellt ein etabliertes Verfahren dar. Der Zusammenhang zwischen Schichteigenschaften, den verwendeten Materialien und den einzelnen Verfahrensschritten ist bisher jedoch kaum untersucht. Mit einer wasserbasierten Funktionstinte aus den Nitraten der Funktionselemente können hohe Konzentrationen von bis zu 2,05 mol/l erreichten werden. Bei der konventionellen Kristallisation mittels Heizelement werden dabei Leitfähigkeiten von bis zu 225 S/cm auf Quarzglas-Substraten erreicht. Auf den Einsatz von gesundheitsgefährdenden Lösungsmitteln kann dabei vollständig verzichtet werden. Die Leitfähigkeit kann durch die Zugabe von Zitronensäure auf 808 S/cm gesteigert werden. Die optische Charakterisierung von Schichten, die unter unterschiedlichen Atmosphären kristallisiert werden belegt, dass der Oxidationszustand der Funktionselemente Nickel und Lanthan während der Pyrolyse einen entscheidenden Einfluss auf die erreichte Leitfähigkeit hat.

Die optischen und elektrischen Eigenschaften dünner LNO-Schichten hängen neben den verwendeten Funktionstinten von weiteren Einflussfaktoren ab. Die Effekte, die diese Einflussfaktoren auf die Schichten haben, sind in Bild 75 zusammengefasst. Um einen möglichst hohen Anteil leitfähiger $LaNiO_3$-Phase und eine möglichst hohe Leitfähigkeit zu erreichen, müssen die Abläufe und relevanten Einflussfaktoren während der Kristallisation bekannt sein.

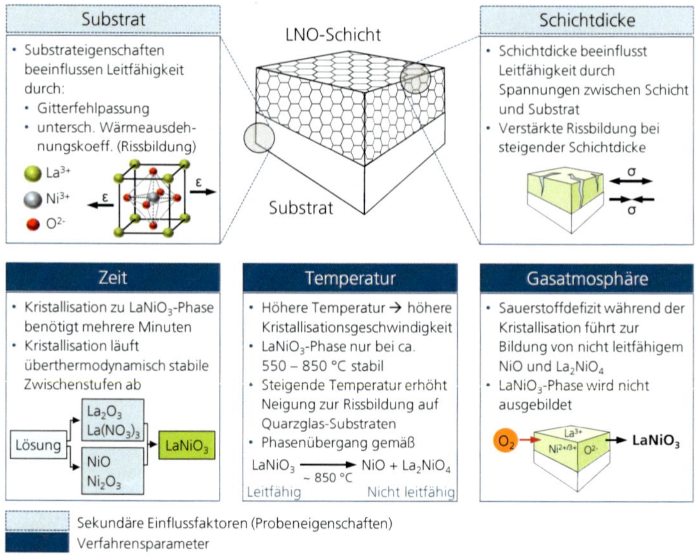

Bild 75: Zusammenfassung der untersuchten Einflussfaktoren und der wichtigsten Ergebnisse für die konventionelle Kristallisation mittels Heizelement dünner LNO-Schichten; ε: Dehnung; σ: mechanische Spannung

Durch den Übergang von einem amorphen Nichtleiter zu einem kristallinen Leiter ändern sich die optischen Eigenschaften dünner LNO-Schichten deutlich. Für Wellenlängen unter ca. 4000 nm nimmt der Absorptionsgrad durch die Kristallisation zu, für Wellenlängen über 4000 nm nimmt der Absorptionsgrad ab. Diese Änderung hängt maßgeblich mit der Entstehung freier Ladungsträger durch die Kristallisation zusammen. Unter Nutzung geeigneter physikalischer Modelle können aus den optischen Eigenschaften Materialeigenschaften wie Plasmafrequenz und Stoßfrequenz simulativ abgeleitet werden. Durch die temperaturabhängige Messung der optischen Eigenschaften können diese auch temperaturabhängig mit einer Messfrequenz von bis zu 20 Hz bestimmt werden. So können beispielsweise auch Phasenübergänge bei hohen Heizraten bis zu 500 K/s untersucht werden. Die optischen Eigenschaften dünner LNO-Schichten hängen von den verwendeten Materialien (Substrate und Beschichtungslösungen) und den verwendeten Laser-Verfahrensparametern ab und weichen zwischen verschiedenen Quellen deutlich voneinander ab.

Für eine laserbasierte Erzeugung einer leitfähige $LaNiO_3$-Phase stellen vor allem die ausgeprägte zeitliche Abhängigkeit der Kristallisation, das enge Temperaturfenster (~550 – 850 °C) sowie die Änderung der optischen Eigenschaften durch die Kristallisation eine Herausforderung dar. Bei der Verwendung einer Präkursorlösung der Nitrate von Lanthan und Nickel werden sowohl mit einem Faser-Laser (Emissionswellenlänge = 1070 nm) als auch mit einem CO_2-Laser (Emissionswellenlänge = 10.600 nm) bei der Kristallisation unter Raumluft und Wechselwirkungszeiten < 320 ms lediglich geringe Leitfähigkeiten von 3,1 S/cm bzw. 0,9 S/cm erreicht. Bei zunehmendem Sauerstoffpartialdruck können bei der Kristallisation mittels Faser-Laser ähnliche Leitfähigkeiten (bis

2 S/cm) bei kürzeren Wechselwirkungszeiten zwischen Laserstrahl und LNO-Schicht erreicht werden. Dabei wird das Gleichgewicht der Phasenumwandlungs-Reaktion mit steigendem Sauerstoffpartialdruck in Richtung der leitfähigen $LaNiO_3$-Phase verschoben. Bei der Kristallisation mittels Faser-Laser können außerdem Si-haltige kristallographische Phasen nachgewiesen werden, welche eine Diffusion von Atomen aus dem Substratmaterial in die Schicht hinein belegen.

Das kleine Prozessfenster der Temperatur bei der Kristallisation einer phasenreinen $LaNiO_3$-Phase erfordert eine Prozessüberachung bzw. -regelung. Die Kombination von laserbasierter Kristallisation mit einer pyrometrischen Temperaturmessung zeigt dabei charakteristische Änderungen des Messignals in Abhängigkeit der Temperatur und des Kristallisationszustandes. Diese Änderungen können den Phasenübergang zu einer $LaNiO_3$-Phase bzw. einer transparenten La_2NiO_4-Phase zugeordnet werden. Dadurch kann eine schnelle Überwachung und Regelung des Kristallisationsprozesses realisiert werden. Abhängig von der verwendeten Funktionstinte und den Bedingungen während der Pyrolyse ändert sich das gemessene Temperatursignal und lässt Rückschlüsse auf Oxidations- und Reduktionsprozesse zu. Ein geschlossener Regelkreis zwischen Pyrometer und Laserstrahlquelle erlaubt die Einstellung einer definierten Änderungsrate und eines Maximalwerts für die Temperatur. Durch die Kombination einer geeigneten Funktionstinte (Citrat-Lösung), der Pyrolyse der LNO-Schichten in Schutzgasatmosphäre, einer Temperaturregelung und einem Diodenlaser (Emissionswellenlänge = 980 nm) kann das Verfahren so angepasst werden, dass Leitfähigkeiten von bis zu 291 S/cm erreicht werden (52,5 % der Leitfähigkeit einer konventionell kristallisierten Referenzprobe). Das Verfahren ist schematisch mit den wichtigsten chemischen Reaktionen in Bild 76 dargestellt. Leitfähigkeits- und XRD-Messungen belegen die erfolgreiche Kristallisation einer $LaNiO_3$-Phase mittels Laserstrahlung. Durch die gleichzeitige Entstehung einer La_2NiO_4- und NiO-Phase, die mögliche Bildung von Sauerstoff-Fehlstellen und anderer Defekte erreicht die Leitfähigkeit nicht den Wert einer Referenzprobe.

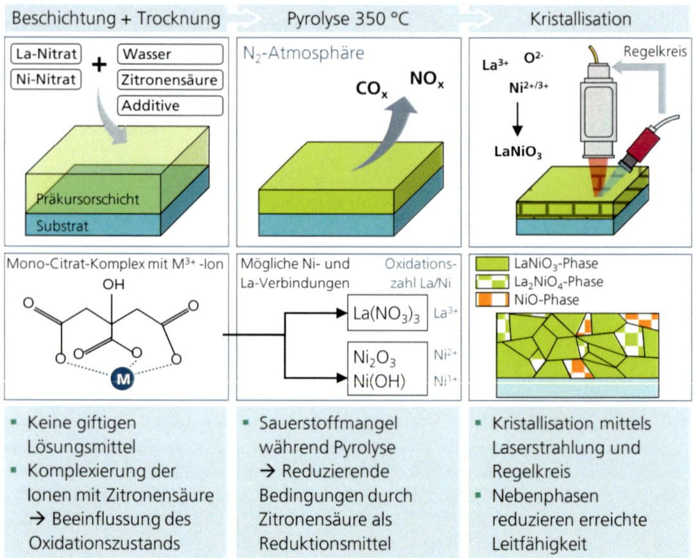

Bild 76: Zusammenfassung der wichtigsten Komponenten bei der laserbasierten Kristallisation dünner LNO-Schichten sowie die wichtigsten chemischen Reaktionen.

Das in dieser Arbeit entwickelte Verfahren in Kombination mit in dieser Arbeit entwickelten Materialien ermöglicht erstmalig die temperaturgeregelte laserbasierte Kristallisation von leitfähigen $LaNiO_3$-Schichten, welche in einem nasschemischen Verfahren (CSD) abgeschieden werden. Die erreichten Leitfähigkeiten unterscheiden sich dabei lediglich um einen Faktor zwei von der Leitfähigkeit konventionell kristallisierter Schichten. Die notwendige Wechselwirkungszeit kann dabei von mehreren Minuten auf wenige Sekunden gesenkt werden. Die Ergebnisse belegen, dass bei der laserbasierten Herstellung von Dünnschichten mittels CSD aus komplexen Funktionskeramiken entlang der gesamten Prozesskette Faktoren wie Oxidationszustand der Funktionselemente, Redox-Potential von Additiven und die Gasatmosphäre kontrolliert werden müssen, um die angestrebte Funktionalität zu erzielen.

Die, zu Beginn dieser Arbeit aufgeführten Defizite im derzeitigen Stand von Wissenschaft und Technik sind erfolgreich untersucht worden. Besonders im Bereich der Materialentwicklung (wasserbasierte Funktionstinte) und in der erfolgreichen Entwicklung eines laserbasierten Verfahrens vor dem Hintergrund der untersuchten Einflussfaktoren stellen die neu gewonnen Erkenntnisse eine entscheidende Grundlage für zukünftige Entwicklungen in diesem Gebiet dar.

9.2 Ausblick

Die technisch-wissenschaftliche Anschlussfähigkeit an diese Arbeit in den Bereichen Anwendungen, Material und Verfahren sind in Bild 77 dargestellt.

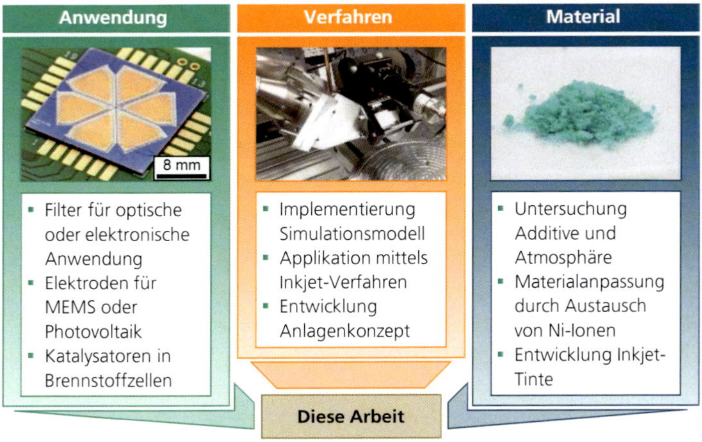

Bild 77: Übersicht über die technisch-wissenschaftliche Anschlussfähigkeit in den Bereichen Anwendung, Verfahren und Material; Foto Anwendung: Dünnschicht-Lautsprecher mit $LaNiO_3$-Elektrode (ILT); Foto Verfahren: Bearbeitungsoptik Foto (ILT); Material: Nickel-Acetat-Pulver (ILT).

Anwendungen von komplexen Funktionskeramiken aus dem Lanthan-Nickel-Sauerstoff-System sind aktueller Gegenstand der Forschung und bieten aufgrund ihrer besonderen, elektrischen Eigenschaften ein hohes Potential für innovative Entwicklungen. Die optischen und elektrischen Eigenschaften können, wie in dieser Arbeit dargestellt, allein durch verfahrensseitige Änderungen (z.B. Kristallisationstemperatur) in einem breiten Spektrum variiert werden und eignen sich daher für die Herstellung von optischen oder elektrischen Filtern. Durch die hohe örtliche Auflösung, welche mit einem laserbasierten Kristallisations-Verfahren erreicht werden kann, können komplexe 2D-Geometrien aus leitfähigem $LaNiO_3$ und transparentem und isolierenden La_2NiO_2 und NiO hergestellt werden. Gleichzeitig kann durch den lokalen Energieeintrag beim Einsatz von Laserstrahlung die thermische Belastung des Bauteils gegenüber konventionellen Ofenverfahren reduziert werden. Eine weitere Anwendung stellt die Verwendung von $LaNiO_3$-Schichten als Elektrode für MEMS oder photovoltaische Anwendungen dar, vor allem im Bereich neuartiger perowskitischer Solarzellen. Durch die geringe Abweichung der Gitterkonstanten und des Wärmeausdehnungskoeffizienten zwischen $LaNiO_3$ und anderen Perowskit-Keramiken können so die Lebensdauer und Funktionalität solcher Bauelemente gesteigert werden. Im Vergleich zum konventionell verwendeten Platin oder Silber ist LNO günstiger und einfach in nasschemischen Verfahren zu verarbeiten. Daher ist auch eine laserbasierte Herstellung von Elektroden auf günstigen Substraten wie Dünnstglas denkbar. Dieser Ansatz erfordert jedoch auch Entwicklungen in den Bereichen Verfahren und Material.

Die Ergebnisse dieser Arbeit haben gezeigt, dass bei der Kristallisation von dünnen LNO-Schichten komplexe Prozesse ablaufen, welche die Funktionalität der Schichten deutlich beeinflussten. Um ein besseres Verständnis aufzubauen und das Verfahren weiterzuentwickeln, ist die Implementierung eines Simulationsmodells notwendig, welches neben den thermischen und optischen Eigenschaften des Materials auch die chemischen Umwandlungsprozesse miteinbezieht. Ein solches Modell kann dabei helfen, Randbedingungen wie Wechselwirkungszeiten und Temperaturen zu berechnen und so die Verfahrensentwicklung für die Laser-Kristallisation von $LaNiO_3$ auf temperaturempfindlichen Substraten vereinfachen. Wie in Bild 14 dargestellt, bildet diese Arbeit einen Zwischenschritt hin zur Entwicklung eines additiven und digitalen Verfahrens zur Herstellung dünner LNO-Schichten. Um diese Entwicklung weiter zu treiben, ist die Untersuchung eines ortsaufgelösten Applikationsverfahrens für dünne LNO-Schichten notwendig, z.B. mittels Inkjet-Druckverfahren. Diese Entwicklung erfordert neben Anpassungen des Materials (siehe: Material – Entwicklung Inkjet-Tinte) den Aufbau entsprechender Anlagentechnik und Parametrisierung eines Inkjet-Druckverfahrens. Durch die Integration eines solchen Beschichtungsverfahrens, eines entsprechenden Lasermoduls, Pyrometrie und Regelungstechnik sowie der Peripherie (Gasversorgung, Qualitätskontrolle usw.) könnte das Verfahren automatisiert werden. Nach der Entwicklung einer Pilotanlage kann das Verfahren aufgrund der gewählten Systemkomponenten gut skaliert werden. Auch eine Integration in eine kontinuierliche Beschichtungsanlage, z.B. für großflächige Elektroden für organische Solarzellen, ist umsetzbar. Eine Anwendung wäre beispielsweise die Herstellung von Prototypen für die Mikroelektronik, welche auf kosten- und zeitintensive Maskenprozesse verzichten können. Da keine Vakuumtechnik notwendig ist und auf etablierte Verfahren wie Inkjet-Druck zurückgegriffen werden kann, könnten solche Anlagen platz- und kosteneffizient hergestellt und eingesetzt werden.

Die Kristallisation dünner $LaNiO_3$-Schichten auf kurzen Zeitskalen wird durch die Materialeigenschaften und die Verfahrensumgebung beeinflusst. Wie in dieser Arbeit nachgewiesen, spielt vor allem der Oxidationszustand der Funktionselemente eine entscheidende Rolle bei der Einstellung hoher spezifischer Leitfähigkeiten. Durch die Untersuchung anderer reduzierender Additive (z.B. Ascorbinsäure, Zucker usw.) oder Prozessgase (z.B. Formiergas) könnte die laserbasierte Kristallisation von $LaNiO_3$ weiter beschleunigt und so weitere Anwendungen erschlossen werden. Um ein tieferes Verständnis für die Redox-Prozesse in den Schichten während Pyrolyse und Kristallisation aufzubauen, sind Untersuchungen mit entsprechenden Analyseverfahren wie Röntgenphotoelektronenspektroskopie und Thermogravimetrischer Analyse notwendig. Da die elektrischen Eigenschaften von LNO maßgeblich von den Atomradien und den Verkippungswinkeln der Ni-Oktaeder bestimmt werden, können diese Eigenschaften durch den Austausch von einzelnen Nickel-Ionen (Ordnungszahl 28) durch Nachbarelemente wie Kupfer (Ordnungszahl 27) oder Kobalt (Ordnungszahl 29) ersetzt und so die Leitfähigkeit und die Gitterkonstante verändert werden. Dadurch können diese Eigenschaften so eingestellt werden, dass bei der Kombination mit bestimmten Substraten oder anderen Funktions-Keramiken keine oder nur geringe thermo-mechanische Spannungen entstehen. Die Entwicklung eines rein additiven Applikationsverfahrens von LNO-Schichten mittels Inkjet-Drucks erfordert eine Anpassung der in dieser Arbeit entwickelten Funktionstinten, um den Anforderungen eines Inkjet-Druckverfahrens zu genügen. Dafür müssen rheologische Eigenschaften wie Viskosität und Oberflächenspannung an die verwendete Systemtechnik angepasst werden. Gleichzeitig muss die Tinte über längere Zeit stabil sein und auf dem zu beschichtenden Substrat geeignete Benetzungseigenschaften aufweisen. Das in dieser Arbeit entwickelte System erfüllt bereits einige dieser Anforderungen und zeichnet sich gleichzeitig durch eine hohe Kompatibilität mit organischen Lösungsmitteln und eine hohe Stabilität (> 1 Jahr) aus.

Zusammenfassend bieten die Untersuchungen und Ergebnisse aus dieser Arbeit ein hohes Maß an Anschlussfähigkeit in den Bereichen Anwendung, Verfahren und Material. Vor allem die Anwendungen erstrecken sich dabei auf relevante Zukunftstechnologien in den Bereichen Elektronik, Energietechnik und Medizintechnik. Durch die gut handhabbaren und günstigen Materialien (Funktionstinten) und den Verzicht auf aufwändige Vakuumtechnik hat das Verfahren Potential, sowohl in der Prototypenfertigung als auch in großtechnischen Anwendungen eingesetzt zu werden. Durch den additiven Ansatz kann dabei der Materialeinsatz der Funktionselemente minimiert werden, was vor allem beim umweltbedenklichen Nickel einen wichtigen Faktor darstellt. Durch den Verzicht auf gesundheitsschädliche und giftige Lösungsmittel können die Anforderungen einer modernen und umweltschonenden Produktion erfüllt werden. Der Einsatz von Laserstrahlung zur Kristallisation kann dabei energetisch intensive Ofenprozesse ersetzen und so den Energiebedarf von Produktionsanlagen senken. Durch die Weiterentwicklung des Verfahrens besteht die Möglichkeit andere Substratmaterialien wie Polymerfolie oder Dünnstglas zu erschließen und für mikroelektronische Anwendungen nutzbar zu machen. Die Erforschung von Anwendungen für komplexe Funktionskeramiken wird in den nächsten Jahren voraussichtlich entscheidende Fortschritte machen. Daher ist eine parallele Entwicklung von modernen und skalierbaren Bearbeitungsverfahren wichtig, um diese Erkenntnisse umzusetzen und so den Fortschritt nutzbar zu machen.

10 Quellen

[1] M. Wei, J. Zhang, M. Zhang, Z. Yao, H. Chen, C. Yang, Relaxor behavior of BaTiO3-BiYO3 perovskite materials for high energy density capacitors, Ceramics International 43 (2017) 4768–4774. https://doi.org/10.1016/j.ceramint.2016.11.148.

[2] F. Stoppel, C. Eisermann, S. Gu-Stoppel, D. Kaden, T. Giese, B. Wagner, Novel membrane-less two-way MEMS loudspeaker based on piezoelectric dual-concentric actuators, in: 2017 19th International Conference on Solid-State Sensors, Actuators and Microsystems (TRANSDUCERS), 2017, pp. 2047–2050.

[3] J. Dai, Y. Zhu, H.A. Tahini, Q. Lin, Y. Chen, D. Guan, C. Zhou, Z. Hu, H.-J. Lin, T.-S. Chan, C.-T. Chen, S.C. Smith, H. Wang, W. Zhou, Z. Shao, Single-phase perovskite oxide with super-exchange induced atomic-scale synergistic active centers enables ultrafast hydrogen evolution, Nature communications 11 (2020) 5657. https://doi.org/10.1038/s41467-020-19433-1.

[4] N.K. Tailor, M. Abdi-Jalebi, V. Gupta, H. Hu, M.I. Dar, G. Li, S. Satapathi, Recent progress in morphology optimization in perovskite solar cell, J. Mater. Chem. A 8 (2020) 21356–21386. https://doi.org/10.1039/D0TA00143K.

[5] Hong-Yue Tang, Charles Winkelmann, Wahyu Lestari, Valeria La Saponara, Composite Structural Health Monitoring Through Use of Embedded PZT Sensors, Journal of Intelligent Material Systems and Structures 22 (2011) 739–755. https://doi.org/10.1177/1045389X11406303.

[6] M.A. Rahman, A.A. Mamun, K. Yao, Y. Daud, Particle swarm optimization based modeling and compensation of hysteresis of PZT micro-actuator used in high precision dual-stage servo system, in: 2014 IEEE International Conference on Mechatronics and Automation, 2014, pp. 452–457.

[7] P. Muralt, M. Kohli, T. Maeder, A. Kholkin, K. Brooks, N. Setter, R. Luthier, Fabrication and characterization of PZT thin-film vibrators for micromotors, Sensors and Actuators A: Physical 48 (1995) 157–165. https://doi.org/10.1016/0924-4247(95)00994-9.

[8] F. Stoppel, T. Lisec, B. Wagner, Novel piezoelectric ohmic switches featuring fast switching and high contact forces, in: 2015 Transducers - 2015 18th International Conference on Solid-State Sensors, Actuators and Microsystems (Transducers): 21 - 25 June 2015, Anchorage, Alaska, IEEE, Piscataway, NJ, 2015, pp. 564–567.

[9] S. Sharma, S. Gupta, Reema Gupta, H. Borkar, A. Kumar, Bipolar Resistive Switching in Magnetostrictive Ni/PZT/Pt Structure for Non-Volatile Memory Applications, ECS Journal of Solid State Science and Technology (2021). https://doi.org/10.1149/2162-8777/ac0cc7.

[10] Yole Développment, Status of the MEMS Industry 2020, 2020.

[11] Web of Science, Suchbegriffe: perovskite solar OR perovskite photovoltaics OR halide perovskite cells OR perovskite optoelectronics NOT LED NOT photodetector. www.webofscience.com, 2023 (accessed 8 July 2023).

[12] D. Hawelka, J. Stollenwerk, N. Pirch, L. Büsing, K. Wissenbach, Laser Based Inline Production of Wear Protection Coatings on Temperature Sensitive Substrates, Physics Procedia 12 (2011) 490–498. https://doi.org/10.1016/j.phpro.2011.03.060.

[13] R. Kassing, S. Blügel, L. Bergmann, C. Schaefer (Eds.), Festkörper, 2., überarb. Aufl. ed., de Gruyter, Berlin, 2005.

[14] J.J. Manguele, F. Baudouin, C. Cibert, B. Domengès, V. Demange, M. Guilloux-Viry, A. Fouchet, G. Poullain, Orientation control of Platinum electrode grown on silicon using

[Ca2Nb3O10]– nanosheets as seed layer, Thin Solid Films 765 (2023) 139640. https://doi.org/10.1016/j.tsf.2022.139640.
[15] U. Böttger, Einfluss von Elektrodenmaterialien auf die Eigenschaften von perowskitischen Dünnschichten für mikroelektronische Anwendungen, Institut für Werkstoffe der Elektrotechnik IWE2, 2020.
[16] N. Sama, R. Herdier, D. Jenkins, C. Soyer, D. Remiens, M. Detalle, R. Bouregba, On the influence of the top and bottom electrodes—A comparative study between Pt and LNO electrodes for PZT thin films, Journal of Crystal Growth 310 (2008) 3299–3302. https://doi.org/10.1016/j.jcrysgro.2008.04.025.
[17] S.Q. Yin, A.D. Liu, Y.Y. Zhang, K.S. Venkatesh, M. Manikandan, Y.C. Shi, P.Y. Chen, M.Z. Hou, S.Y. Shang, J. Shang, X.W. Wang, Improved properties of Pb(Zr0.52Ti0.48)O3 films by hot plate annealing on LaNiO3 bottom electrode, J Sol-Gel Sci Technol 96 (2020) 83–90. https://doi.org/10.1007/s10971-020-05378-w.
[18] D. Bao, K. Ruan, T. Liang, Structure and electrical properties of Pb(Zr0.25Ti0.75)O3 thin films on LaNiO3—Coated thermally oxidized Si substrates, J Sol-Gel Sci Technol 42 (2007) 353–356. https://doi.org/10.1007/s10971-007-0743-7.
[19] A.V. Atanova, O.M. Zhigalina, D.N. Khmelenin, D.S. Seregin, K.A. Vorotilov, Layer Crystallization in PZT/LNO/Si Heterostructures, Phys. Solid State 61 (2019) 2464–2467. https://doi.org/10.1134/S1063783419120035.
[20] Q. Zhang, W. Geng, J. Zhang, X. Qiao, X. Chen, X. Fan, X. Chou, Effect of electrode interfaces on peak-drift switching current of PZT thin films, Ceramics International 45 (2019) 3159–3165. https://doi.org/10.1016/j.ceramint.2018.10.217.
[21] G. AMOW, I. DAVIDSON, S. SKINNER, A comparative study of the Ruddlesden-Popper series, Lan+1NinO3n+1 (n=1, 2 and 3), for solid-oxide fuel-cell cathode applications, Solid State Ionics 177 (2006) 1205–1210. https://doi.org/10.1016/j.ssi.2006.05.005.
[22] A. Petala, O.S. Arvaniti, M. Christofili, A. Safakas, Z. Frontistis, D. Mantzavinos, Lanthanum Nickel Oxide: An Effective Heterogeneous Activator of Sodium Persulfate for Antibiotics Elimination, Catalysts 10 (2020) 1373. https://doi.org/10.3390/catal10121373.
[23] J. Zhang, Y. Zhao, X. Zhao, Z. Liu, W. Chen, Porous perovskite LaNiO3 nanocubes as cathode catalysts for Li-O2 batteries with low charge potential, Scientific Reports 4 (2014) 6005. https://doi.org/10.1038/srep06005.
[24] J.A. Dias, M.A.S. Andrade, H.L.S. Santos, M.R. Morelli, L.H. Mascaro, Lanthanum-Based Perovskites for Catalytic Oxygen Evolution Reaction, ChemElectroChem 7 (2020) 3173–3192. https://doi.org/10.1002/celc.202000451.
[25] J.S. Yoo, X. Rong, Y. Liu, A.M. Kolpak, Role of Lattice Oxygen Participation in Understanding Trends in the Oxygen Evolution Reaction on Perovskites, ACS Catal. 8 (2018) 4628–4636. https://doi.org/10.1021/acscatal.8b00612.
[26] R. Scherwitzl, P. Zubko, C. Lichtensteiger, J.-M. Triscone, Electric-field tuning of the metal-insulator transition in ultrathin films of LaNiO3, Appl. Phys. Lett. 95 (2009) 222114. https://doi.org/10.1063/1.3269591.
[27] D.K. Hwang, S. Kim, J.-H. Lee, I.-S. Hwang, I.-D. Kim, Phase evolution of perovskite LaNiO 3 nanofibers for supercapacitor application and p-type gas sensing properties of LaOCl–NiO composite nanofibers, J. Mater. Chem. 21 (2011) 1959–1965. https://doi.org/10.1039/c0jm02256j.
[28] S. Catalano, M. Gibert, J. Fowlie, J. Íñiguez, J.-M. Triscone, J. Kreisel, Rare-earth nickelates RNiO3: thin films and heterostructures, Reports on progress in physics. Physical Society (Great Britain) 81 (2018) 46501. https://doi.org/10.1088/1361-6633/aaa37a.
[29] M. Gibert, M. Viret, P. Zubko, N. Jaouen, J.-M. Tonnerre, A. Torres-Pardo, S. Catalano, A. Gloter, O. Stéphan, J.-M. Triscone, Interlayer coupling through a dimensionality-induced magnetic state, Nature communications 7 (2016) 11227. https://doi.org/10.1038/ncomms11227.

[30] D.O. Bannikov, V.A. Cherepanov, Thermodynamical Stability of the Nickel-Lanthanum Complex Oxides, Zeitschrift für anorganische und allgemeine Chemie 628 (2002) 2180. https://doi.org/10.1002/1521-3749(200209)628:9/10<2180:AID-ZAAC11112180>3.0.CO;2-A.

[31] V.A. Cherepanov, A.N. Petrov, L.Y. Grimova, E.M. Novitskii, Thermodynamic properties of the La–Ni–O system, Zh. Fiz. Khim. 57 (1983) 859–863.

[32] P. Odier, Y. Nigara, J. Coutures, M. Sayer, Phase relations in the LaNiO system: Influence of temperature and stoichiometry on the structure of La2NiO4, Journal of Solid State Chemistry 56 (1985) 32–40. https://doi.org/10.1016/0022-4596(85)90249-X.

[33] H.E. Höfer, W.F. Kock, Crystal Chemistry and Thermal Behavior in the La (Cr Ni) O 3 Perovskite System, J. Electrochem. Soc. 140 (1993) 2889–2894. https://doi.org/10.1149/1.2220928.

[34] J.D. Byun, J.K. Kim, S.H. Kim, K.Y. Song, Phase Transition and Electrical Conductivity of La-Ni-O System, J. Korean Ceram. Soc 29 (1992) 41-0.

[35] M. Zinkevich, F. Aldinger, Thermodynamic analysis of the ternary La–Ni–O system, Journal of Alloys and Compounds 375 (2004) 147–161. https://doi.org/10.1016/j.jallcom.2003.11.138.

[36] C. Brisi, M. Vallino, F. Abbattista, Composition and structure of two hitherto unidentified phases in the system La2O3-NiO-O, Journal of the Less Common Metals 79 (1981) 215–219. https://doi.org/10.1016/0022-5088(81)90070-9.

[37] J. Anubhav, S.P. Ong, G. Hautier, W. Chen, W.D. Richards, S. Dacek, S. Cholia, D. Gunter, D. Skinner, G. Ceder, K.A. Persson, Commentary: The Materials Project: A materials genome approach to accelerating materials innovation, APL Materials 1 (2013) 11002. https://doi.org/10.1063/1.4812323.

[38] Y. Ling, W. Ren, X. Wu, L. Zhang, X. Yao, Preparation and properties of conductive LaNiO3 thin films by a thermal decomposition of water-based solutions, Thin Solid Films 311 (1997) 128–132. https://doi.org/10.1016/S0040-6090(97)00445-8.

[39] J. Son, P. Moetakef, J.M. LeBeau, D. Ouellette, L. Balents, S.J. Allen, S. Stemmer, Low-dimensional Mott material: Transport in ultrathin epitaxial LaNiO3 films, Appl. Phys. Lett. 96 (2010) 62114. https://doi.org/10.1063/1.3309713.

[40] G.S. Wang, Q. Zhao, X.J. Meng, J.H. Chu, D. Rémiens, Preparation of highly (100)-oriented LaNiO3 nanocrystalline films by metalorganic chemical liquid deposition, Journal of Crystal Growth 277 (2005) 450–456. https://doi.org/10.1016/j.jcrysgro.2005.01.099.

[41] M.L. Medarda, Structural, magnetic and electronic properties of RNiO3 perovskites (R D rare earth).

[42] M. Detalle, D. Rémiens, Chemical and physical characterization of LaNiO3 thin films deposited by sputtering for top and bottom electrodes in ferroelectric structure, Journal of Crystal Growth 310 (2008) 3596–3603. https://doi.org/10.1016/j.jcrysgro.2008.04.053.

[43] J. Hwang, J. Son, J.Y. Zhang, A. Janotti, C.G. van de Walle, S. Stemmer, Structural origins of the properties of rare earth nickelate superlattices, Phys. Rev. B 87 (2013). https://doi.org/10.1103/PhysRevB.87.060101.

[44] VESTA, Visualization for Electronic and Structural Analysis. http://jp-minerals.org/vesta/en/ (accessed 24 November 2021).

[45] Z. Duan, Y. Cui, Z. Yang, K. Li, Y. Wan, Z. Lu, Y. Xie, J. Zhang, Growth of highly c -axis oriented LaNiO 3 films with improved surface morphology on Si substrate using chemical solution deposition and rapid heat treatment process, Ceramics International 44 (2018) 695–702. https://doi.org/10.1016/j.ceramint.2017.09.230.

[46] R. Amoresi, A.A. Felix, G.M.M.M. Lustosa, Gisane Gasparotto, A.Z. Simões, M.A. Zaghete, Role of morphological characteristics on the conductive behavior of LaNiO3 thin films, Ceramics International 42 (2016) 16242–16247. https://doi.org/10.1016/j.ceramint.2016.07.155.

[47] Zhu M. W., Z.J. Wang, Y.N. Chen, Z.D. Zhang, Microstructure and transport properties of sol–gel derived highly (100)-oriented lanthanum nickel oxide thin films on SiO2/Si substrate, Journal of Crystal Growth 336 (2011) 44–49. https://doi.org/10.1016/j.jcrysgro.2011.09.050.

[48] H. Suzuki, T. Naoe, H. Miyazaki, T. Ota, Deposition of highly oriented lanthanum nickel oxide thin film on silicon wafer by CSD, Journal of the European Ceramic Society 27 (2007) 3769–3773. https://doi.org/10.1016/j.jeurceramsoc.2007.02.026.

[49] D. Bao, X. Yao, N. Wakiya, K. Shinozaki, N. Mizutani, Preparation of conductive LaNiO 3 film electrodes by a simple chemical solution deposition technique for integrated ferroelectric thin film devices, J. Phys. D: Appl. Phys. 36 (2003) 1217–1221. https://doi.org/10.1088/0022-3727/36/10/311.

[50] Y. Liu, X.G. Zheng, Effect of thermal annealing on transparent conductive LaNiO3 thin film prepared by an aqueous method (2000).

[51] T. Ryll, P. Reibisch, L. Schlagenhauf, A. Bieberle-Huetter, M. Döbeli, Lanthanum nickelate thin films deposited by spray pyrolysis: Crystallization, microstructure and electrochemical properties, Journal of the European Ceramic Society 32 (2012) 1701–1709. https://doi.org/10.1016/j.jeurceramsoc.2011.12.032.

[52] W. Demtröder, Experimentalphysik 3: Atome, Moleküle und Festkörper, 5. Aufl. 2016 ed., Springer Berlin Heidelberg, Berlin, Heidelberg, 2016.

[53] Z.G. Hu, Z.M. Huang, Y.N. Wu, Q. Zhao, G.S. Wang, J.H. Chu, Ellipsometric characterization of LaNiO3−x films grown on Si (111) substrates: Effects of oxygen partial pressure, Journal of Applied Physics 95 (2004) 4036–4041. https://doi.org/10.1063/1.1686904.

[54] M.K. Zayed, A. Solieman, M. Ebaid, Discrepancies in the morphology and physical properties of amorphous and crystalline sprayed lanthanum nickel oxide films, Acta Materialia 61 (2013) 5674–5684. https://doi.org/10.1016/j.actamat.2013.06.008.

[55] R. A. Mohan Ram, L. Ganapathi, P. Ganguly, C.N.R. Rao, Evolution of three-dimensional character across the Lan+1NinO3n+1 homologous series with increase in n, Journal of Solid State Chemistry 63 (1986) 139–147. https://doi.org/10.1016/0022-4596(86)90163-5.

[56] T. Schneller, R. Waser, M. Kosec, D. Payne (Eds.), Chemical Solution Deposition of Functional Oxide Thin Films, Springer Vienna, Vienna, s.l., 2013.

[57] M. P. Pechini, Method of preparing lead and alkaline earth titanates and niobates and coating method using the same to form a capacitor, 1967.

[58] J.B. Blum, S.R. Gurkovich, Sol-gel-derived PbTiO3, Journal of Materials Science 20 (1985) 4479–4483. https://doi.org/10.1007/BF00559337.

[59] M. Klee, R. Eusemann, R. Waser, W. Brand, H. van Hal, Processing and electrical properties of Pb (ZrxTi1−x)O3 (x=0.2–0.75) films: Comparison of metallo-organic decomposition and sol-gel processes, J. Appl. Phys. 72 (1992) 1566–1576. https://doi.org/10.1063/1.351726.

[60] A. Matavž, J. Kovač, M. Čekada, B. Malič, V. Bobnar, Enhanced electrical response in ferroelectric thin film capacitors with inkjet-printed LaNiO3 electrodes, Appl. Phys. Lett. 113 (2018) 12904. https://doi.org/10.1063/1.5037027.

[61] A. Matavž, A. Benčan, J. Kovač, C.-C. Chung, J.L. Jones, S. Trolier-McKinstry, B. Malič, V. Bobnar, Additive Manufacturing of Ferroelectric-Oxide Thin-Film Multilayer Devices, ACS applied materials & interfaces 11 (2019) 45155–45160. https://doi.org/10.1021/acsami.9b17912.

[62] P. Muralt, Texture control and seeded nucleation of nanosize structures of ferroelectric thin films, J. Appl. Phys. 100 (2006) 51605. https://doi.org/10.1063/1.2337362.

[63] Ya-Ju Zhang, Zhan Jie Wang, Yan Na Chen, Zhi Dong Zhang, Crystallization kinetics of PbTiO3 ferroelectric films: Comparison of microwave irradiation with conventional heating, Journal of the European Ceramic Society 38 (2018) 105–111. https://doi.org/10.1016/j.jeurceramsoc.2017.08.030.

[64] M.-G. Kang, M.-S. Noh, J.J. Pyeon, W.-S. Jung, H.G. Moon, S.-H. Baek, S. Nahm, S.-J. Yoon, C.-Y. Kang, Direct Growth of Ferroelectric Oxide Thin Films on Polymers through Laser-Induced Low-Temperature Liquid-Phase Crystallization, Chem. Mater. 32 (2020) 6483–6493. https://doi.org/10.1021/acs.chemmater.0c01742.

[65] S.S. Bharadwaja, J. Kulik, R. Akarapu, H. Beratan, S. Trolier-McKinstry, Ultrafast crystallization kinetics in (Pb,La)($Zr_{0.30}Ti_{0.70}$)O_3 thin films by pulsed excimer laser annealing, IEEE Transactions on Ultrasonics, Ferroelectrics, and Frequency Control 57 (2010) 2182–2191. https://doi.org/10.1109/TUFFC.2010.1676.

[66] A. Queraltó, A. Pérez del Pino, M. de La Mata, J. Arbiol, M. Tristany, X. Obradors, T. Puig, Ultrafast Epitaxial Growth Kinetics in Functional Oxide Thin Films Grown by Pulsed Laser Annealing of Chemical Solutions, Chem. Mater. 28 (2016) 6136–6145. https://doi.org/10.1021/acs.chemmater.6b01968.

[67] T.-F.T. Lin, Y. Ching-Chyuan, L. Kuo-Shung, W. Jenn-Ming, W. Tai-Bar, Crystallization Characteristics of L aNiO3 Layers and Their Effect on Pulsed Laser Deposited (Pb 1- x La x)(Zr y Ti 1- y)O 3 Thin Films, Jpn. J. Appl. Phys. 35 (1996) 4743.

[68] M. Meixner, Laserfunktionalisierung von nasschemisch applizierten piezoelektrischen Blei-Zirkonat-Titanat-Schichten. Ph. D. Dissertation, RWTH Aachen University, 2015 (In German).

[69] U. Ellerkmann, T. Schneller, C. Nauenheim, U. Böttger, R. Waser, Reduction of film thickness for chemical solution deposited PbZr0.3Ti0.7O3 thin films revealing no size effects and maintaining high remanent polarization and low coercive field, Thin Solid Films 516 (2008) 4713–4719. https://doi.org/10.1016/j.tsf.2007.08.073.

[70] A.-C. Dippel, T. Schneller, R. Waser, D. Park, J. Mayer, Formation Sequence of Lead Platinum Interfacial Phases in Chemical Solution Deposition Derived Pb(Zr 1– x Ti x)O 3 Thin Films, Chem. Mater. 22 (2010) 6209–6211. https://doi.org/10.1021/cm101195t.

[71] E.B. Araújo, E.C. Lima, I.K. Bdikin, A.L. Kholkin, Thickness dependence of structure and piezoelectric properties at nanoscale of polycrystalline lead zirconate titanate thin films, Journal of Applied Physics 113 (2013) 187206. https://doi.org/10.1063/1.4801961.

[72] Z. Hu, X. Meng, Z. Huang, G. Wang, Q. Zhao, J. Chu, Thickness Dependence of Infrared Optical Properties of LaNiO 3 Thin Films Prepared on Platinized Silicon Substrates, Jpn. J. Appl. Phys. 42 (2003) 7045–7049. https://doi.org/10.1143/JJAP.42.7045.

[73] T. Nakajima, K. Shinoda, T. Tsuchiya, UV-assisted nucleation and growth of oxide films from chemical solutions, Chem. Soc. Rev. 43 (2014) 2027–2041. https://doi.org/10.1039/C3CS60222B.

[74] T. Barth, G. Lunde, Die Gitterkonstanten der Platinmetalle, Silber und Gold: Bemerkungen über die Lanthanidenkontraktion, Zeitschrift für Physikalische Chemie 121U (1926) 78–102. https://doi.org/10.1515/zpch-1926-12108.

[75] J. Joseph, T.M. Vimala, V. Sivasubramanian, V.R.K. Murthy, Structural investigations on Pb(ZrxT1−x)O3 solid solutions using the X-ray Rietveld method, Journal of Materials Science 35 (2000) 1571–1575. https://doi.org/10.1023/A:1004778223721.

[76] T. Nakajima, T. Tsuchiya, M. Ichihara, H. Nagai, T. Kumagai, Epitaxial Growth Mechanism for Perovskite Oxide Thin Films under Pulsed Laser Irradiation in Chemical Solution Deposition Process, Chem. Mater. 20 (2008) 7344–7351. https://doi.org/10.1021/cm801803g.

[77] J. Park, Y. Lim, S. Kong, H. Lee, Y.-B. Kim, Rapid Fabrication of Chemical Solution-Deposited Lanthanum Nickelate Thin Films via Intense Pulsed-Light Process, Coatings 9 (2019) 372. https://doi.org/10.3390/coatings9060372.

[78] F. Falk, G. Andrä, Laser crystallization — a way to produce crystalline silicon films on glass or on polymer substrates, Journal of Crystal Growth 287 (2006) 397–401. https://doi.org/10.1016/j.jcrysgro.2005.11.052.

[79] S. Fink, L. Dahmen, M.K. Steinhoff, J. Stollenwerk, C. Vedder, Laser-based, direct formation of thin copper–nickel alloy films with low thermal coefficient of resistivity, J. Appl. Phys. 132 (2022) 205301. https://doi.org/10.1063/5.0124000.
[80] X. Chen, M. Yagi, Y. Akiyama, O. Machida, E. Ohta, M. Meixner, J. Stollenwerk, U. Boettger, T. Schneller, Fabrication of Multilayer Pb(Zr 0.53 Ti 0.47)O 3 Film Crystallized by Laser Annealing, Jpn. J. Appl. Phys. 52 (2013) 09KA06. https://doi.org/10.7567/JJAP.52.09KA06.
[81] S.S.N. Bharadwaja, T. Dechakupt, S. Trolier-McKinstry, H. Beratan, Excimer Laser Crystallized (Pb,La)(Zr,Ti)O3 Thin Films, J American Ceramic Society 91 (2008) 1580–1585. https://doi.org/10.1111/j.1551-2916.2008.02313.x.
[82] S.S.N. Bharadwaja, F. Griggio, J. Kulik, S. Trolier-McKinstry, Highly textured laser annealed Pb(Zr0.52Ti0.48)O3 thin films, Appl. Phys. Lett. 99 (2011) 42903. https://doi.org/10.1063/1.3615295.
[83] Jun Jiang, Shin-Ichiro Kuroki, Koji Kotani, Takashi Ito, Ferroelectric Properties of Lead Zirconate Titanate Thin Film on Glass Substrate Crystallized by Continuous-Wave Green Laser Annealing, Jpn. J. Appl. Phys. 49 (2010) 04DH14. https://doi.org/10.1143/jjap.49.04dh14.
[84] S.-I. Kuroki, K. Tago, K. Kotani, T. Ito, Low-Temperature Recrystallization of Ferroelectric Lead Zirconate Titanate Thin Films on Glass Substrate Using Continuous-Wave Green Laser, Jpn. J. Appl. Phys. 48 (2009) 04C142. https://doi.org/10.1143/JJAP.48.04C142.
[85] S.C. Lai, H.-T. Lue, K.Y. Hsieh, S.L. Lung, R. Liu, T.B. Wu, P.P. Donohue, P. Rumsby, Extended-pulse excimer laser annealing of Pb(Zr[sub 1−x]Ti[sub x])O[sub 3] thin film on LaNiO[sub 3] electrode, J. Appl. Phys. 96 (2004) 2779. https://doi.org/10.1063/1.1774241.
[86] H.-C. Pan, C.-C. Chou, H.-L. Tsai, Low-temperature processing of sol-gel derived La[sub 0.5]Sr[sub 0.5]MnO[sub 3] buffer electrode and PbZr[sub 0.52]Ti[sub 0.48]O[sub 3] films using CO[sub 2] laser annealing, Appl. Phys. Lett. 83 (2003) 3156. https://doi.org/10.1063/1.1619214.
[87] S. Fink, J. Lübben, T. Schneller, C. Vedder, U. Böttger, Impact of the processing temperature on the laser-based crystallization of chemical solution deposited lead zirconate titanate thin films on short timescales, J. Appl. Phys. 131 (2022) 125302. https://doi.org/10.1063/5.0084953.
[88] R.W. Schwartz, T. Schneller, R. Waser, Chemical solution deposition of electronic oxide films, Comptes Rendus Chimie 7 (2004) 433–461. https://doi.org/10.1016/j.crci.2004.01.007.
[89] A. Gobichon, Thermal decomposition of neutral and basic lanthanum nitrates studied with temperature-dependent powder diffraction and thermogravimetric analysis, Solid State Ionics 93 (1996) 51–64. https://doi.org/10.1016/S0167-2738(96)00498-5.
[90] S. Mentus, D. Jelić, V. Grudić, Lanthanum nitrate decomposition by both temperature programmed heating and citrate gel combustion, J Therm Anal Calorim 90 (2007) 393–397. https://doi.org/10.1007/s10973-006-7603-5.
[91] S.A. Mansour, Spectroscopic and microscopic investigations of the thermal decomposition of nickel oxysalts, Thermochimica Acta 228 (1993) 173–189. https://doi.org/10.1016/0040-6031(93)80287-K.
[92] W. Brockner, C. Ehrhardt, M. Gjikaj, Thermal decomposition of nickel nitrate hexahydrate, Ni(NO3)2·6H2O, in comparison to Co(NO3)2·6H2O and Ca(NO3)2·4H2O, Thermochimica Acta 456 (2007) 64–68. https://doi.org/10.1016/j.tca.2007.01.031.
[93] P. Combis, P. Cormont, L. Gallais, D. Hebert, L. Robin, J.-L. Rullier, 2012. Evaluation of the fused silica thermal conductivity by comparing infrared thermometry measurements with two-dimensional simulations. Appl. Phys. Lett. 211908. https://doi.org/10.1063/1.4764904.

[94] N.C. Pandya, U.S. Joshi, Optimization of structural, surface and electrical properties of solution processed LaNiO3 conducting oxide, J Mater Sci: Mater Electron 26 (2015) 2445–2450. https://doi.org/10.1007/s10854-015-2704-1.

[95] X. Liao, V. Singh, H. Park, Oxygen vacancy induced site-selective Mott transition in LaNiO3, Phys. Rev. B 103 (2021). https://doi.org/10.1103/PhysRevB.103.085110.

[96] M. Zabiszak, M. Nowak, K. Taras-Goslinska, M.T. Kaczmarek, Z. Hnatejko, R. Jastrzab, Carboxyl groups of citric acid in the process of complex formation with bivalent and trivalent metal ions in biological systems, Journal of inorganic biochemistry 182 (2018) 37–47. https://doi.org/10.1016/j.jinorgbio.2018.01.017.

[97] M. Počuča, G. Branković, Z. Branković, D. Vasiljevic-Radović, D. Poleti, Optimization of processing parameters for preparation of LaNiO3 thin films from the citrate precursors, Journal of the European Ceramic Society 27 (2007) 1083–1086. https://doi.org/10.1016/j.jeurceramsoc.2006.05.021.

[98] D. Franta, B. Negulescu, L. Thomas, P.R. Dahoo, M. Guyot, I. Ohlídal, J. Mistrík, T. Yamaguchi, Optical properties of NiO thin films prepared by pulsed laser deposition technique, Applied Surface Science 244 (2005) 426–430. https://doi.org/10.1016/j.apsusc.2004.09.150.

[99] V.V. Atuchin, A.V. Kalinkin, V.A. Kochubey, V.N. Kruchinin, R.S. Vemuri, C.V. Ramana, Spectroscopic ellipsometry and x-ray photoelectron spectroscopy of La2O3 thin films deposited by reactive magnetron sputtering, Journal of Vacuum Science & Technology A: Vacuum, Surfaces, and Films 29 (2011) 21004. https://doi.org/10.1116/1.3539069.

[100] L. Meng, W. Li, P. Guo, S. Wang, X. Tong, A novel selective oxidative cleavage of C C bond mediated by black nickel oxide in the presence of molecular oxygen, Catalysis Communications 154 (2021) 106305. https://doi.org/10.1016/j.catcom.2021.106305.

[101] Y. Zhou, Y. Geng, D. Gu, Influence of thermal annealing on optical properties and surface morphology of NiOx thin films, Materials Letters 61 (2007) 2482–2485. https://doi.org/10.1016/j.matlet.2006.09.041.

[102] A.-D. Li, Chuan-Zhen Ge, Di Wu, Peng Lü, Ya-Qin Zuo, Sen-Zu Yang, Nai-Ben Ming, Conductive metallic LaNiO3 films from metallo-organic precursors, Thin Solid Films 298 (1997) 165–169. https://doi.org/10.1016/S0040-6090(96)09288-7.

[103] J.L. García-Muñoz, J. Rodríguez-Carvajal, P. Lacorre, J.B. Torrance, Neutron-diffraction study of RNiO3 (R=La,Pr,Nd,Sm): Electronically induced structural changes across the metal-insulator transition, Physical review. B, Condensed matter 46 (1992) 4414–4425. https://doi.org/10.1103/PhysRevB.46.4414.

[104] Y. Tsuru, M. Shimazu, M. Shiono, M. Morinaga, Evaluation of Linear Thermal Expansion Coefficients of Perovskite Oxides Using Ab-initio Molecular Dynamics with Small Cell Sizes for Materials Design, Jpn. J. Appl. Phys. 49 (2010) 45701. https://doi.org/10.1143/JJAP.49.045701.

[105] G. Gou, I. Grinberg, A.M. Rappe, J.M. Rondinelli, Lattice normal modes and electronic properties of the correlated metal LaNiO 3, Phys. Rev. B 84 (2011). https://doi.org/10.1103/PhysRevB.84.144101.

[106] B.H. Kim, J.H. An, K.S. Hwang, Surface observation of LaNiO3/MgO (100) structure, J Mater Sci 41 (2006) 2165–2166. https://doi.org/10.1007/s10853-006-5193-z.

[107] W.J. Arblaster, Crystallographic Properties of Platinum, Platinum Metals Review (1997) 12–21.

[108] C.P. Herrero, Dependence of the silicon lattice constant on isotopic mass, Solid State Communications 110 (1999) 243–246. https://doi.org/10.1016/S0038-1098(99)00082-4.

[109] H. Watanabe, N. Yamada, M. Okaji, Linear Thermal Expansion Coefficient of Silicon from 293 to 1000 K, International Journal of Thermophysics 25 (2004) 221–236. https://doi.org/10.1023/B:IJOT.0000022336.83719.43.

[110] E.R. Dobrovinskaya, L.A. Lytvynov, V. Pishchik, Properties of Sapphire, in: V. Pishchik, L.A. Lytvynov, E.R. Dobrovinskaya (Eds.), Sapphire, Springer US, Boston, MA, 2009, pp. 55–176.
[111] J. Oishi, T. Kimura, Thermal Expansion of Fused Quartz, Metrologia 5 (1969) 50–55. https://doi.org/10.1088/0026-1394/5/2/004.
[112] M. Zhu, P. Komissinskiy, A. Radetinac, M. Vafaee, Z. Wang, L. Alff, Effect of composition and strain on the electrical properties of LaNiO3 thin films, Appl. Phys. Lett. 103 (2013) 141902. https://doi.org/10.1063/1.4823697.
[113] H. Miyazaki, Takashi Goto, Yuki Miwa, Tomoya Ohno, Hisao Suzuki, Toshitaka Ota, Minoru Takahashi, Preparation and evaluation of LaNiO3 thin film electrode with chemical solution deposition, Journal of the European Ceramic Society 24 (2004) 1005–1008. https://doi.org/10.1016/S0955-2219(03)00382-0.
[114] C.V. Thompson, Secondary grain growth in thin films of semiconductors: Theoretical aspects, J. Appl. Phys. 58 (1985) 763–772. https://doi.org/10.1063/1.336194.
[115] J. Fowlie, M. Gibert, G. Tieri, A. Gloter, J. Íñiguez, A. Filippetti, S. Catalano, S. Gariglio, A. Schober, M. Guennou, J. Kreisel, O. Stéphan, J.-M. Triscone, Conductivity and Local Structure of LaNiO3 Thin Films, Adv. Mater. 29 (2017) 1605197. https://doi.org/10.1002/adma.201605197.
[116] X. Chen, M. Ciriotti, R.T. Downs, S. Grazulis, Crystallographic Open Database: COD. http://www.crystallography.net/cod/index.php.
[117] R.T. Downs, M. Hall-Wallace, The American Mineralogist Crystal Structure Database, American Mineralogist 88 (2003) 247–250.
[118] S. Gražulis, D. Chateigner, R.T. Downs, A.F.T. Yokochi, M. Quirós, L. Lutterotti, E. Manakova, J. Butkus, P. Moeck, A. Le Bail, Crystallography Open Database - an open-access collection of crystal structures, Journal of applied crystallography 42 (2009) 726–729. https://doi.org/10.1107/S0021889809016690.
[119] S. Gražulis, A. Daškevič, A. Merkys, D. Chateigner, L. Lutterotti, M. Quirós, N.R. Serebryanaya, P. Moeck, R.T. Downs, A. Le Bail, Crystallography Open Database (COD): an open-access collection of crystal structures and platform for world-wide collaboration, Nucleic acids research 40 (2012) D420-7. https://doi.org/10.1093/nar/gkr900.
[120] S. Gražulis, A. Merkys, A. Vaitkus, M. Okulič-Kazarinas, Computing stoichiometric molecular composition from crystal structures, Journal of applied crystallography 48 (2015) 85–91. https://doi.org/10.1107/S1600576714025904.
[121] A. Merkys, A. Vaitkus, J. Butkus, M. Okulič-Kazarinas, V. Kairys, S. Gražulis, COD::CIF::Parser: an error-correcting CIF parser for the Perl language, Journal of applied crystallography 49 (2016) 292–301. https://doi.org/10.1107/S1600576715022396.
[122] A. Merkys, A. Vaitkus, A. Grybauskas, A. Konovalovas, M. Quirós, S. Gražulis, Graph isomorphism-based algorithm for cross-checking chemical and crystallographic descriptions, Journal of cheminformatics 15 (2023) 25. https://doi.org/10.1186/s13321-023-00692-1.
[123] M. Quirós, S. Gražulis, S. Girdzijauskaitė, A. Merkys, A. Vaitkus, Using SMILES strings for the description of chemical connectivity in the Crystallography Open Database, Journal of cheminformatics 10 (2018) 23. https://doi.org/10.1186/s13321-018-0279-6.
[124] A. Vaitkus, A. Merkys, S. Gražulis, Validation of the Crystallography Open Database using the Crystallographic Information Framework, Journal of applied crystallography 54 (2021) 661–672. https://doi.org/10.1107/S1600576720016532.
[125] X. Weng, J.C. Knowles, I. Abrahams, Z. Wu, J.A. Darr, In situ variable temperature X-ray diffraction studies on the transformations of nano-precursors to La–Ni–O phases, Journal of Solid State Chemistry 184 (2011) 1688–1694. https://doi.org/10.1016/j.jssc.2011.04.031.

[126] Y. Adachi, N. Hatada, K. Hirota, M. Kato, T. Uda, Preparation of pure and fully dense lanthanum nickelates La n +1 Ni n O 3 n +1 (n = 2, 3, ∞) by post-sintering oxidation process, J American Ceramic Society 102 (2019) 7077–7088. https://doi.org/10.1111/jace.16611.
[127] B. Berini, N. Keller, B. Pigeau, Y. Dumont, E. Popova, N. Franco, R.M.C. da Silva, Tuning of oxidation states in the LaNiO3–δ perovskite around the insulator-metal transition, Journal of Applied Physics 104 (2008) 103539. https://doi.org/10.1063/1.3021146.
[128] F.J. Morin, Electrical Properties of NiO, Phys. Rev. 93 (1954) 1199–1204. https://doi.org/10.1103/PhysRev.93.1199.
[129] J. Yu, J.L. Sun, X.J. Meng, Z.M. Huang, J.H. Chu, D.Y. Tang, C.Y. Jin, G. Li, W.Y. Li, Q. Liang, Ultraviolet-infrared optical properties of highly (100)-oriented LaNiO3 thin films on Pt–Ti–SiO2–Si wafer, Journal of Applied Physics 90 (2001) 2699–2702. https://doi.org/10.1063/1.1394903.
[130] Y. Wang, N. Herron, Nanometer-sized semiconductor clusters: materials synthesis, quantum size effects, and photophysical properties, The Journal of Physical Chemistry 95 (1991) 525–532. https://doi.org/10.1021/j100155a009.
[131] H. Reddy, U. Guler, A.V. Kildishev, A. Boltasseva, M.V. Shalaev, Temperature-dependent optical properties of gold thin films, Opt. Mater. Express 6 (2016) 2776–2802. https://doi.org/10.1364/OME.6.002776.
[132] S. Kasap, P. Capper (Eds.), Springer Handbook of Electronic and Photonic Materials, Springer International Publishing, Cham, 2017.
[133] J. Sansom, A powder neutron diffraction study of the oxide-ion-conducting apatite-type phases, La9.33Si6O26 and La8Sr2Si6O26, Solid State Ionics 139 (2001) 205–210. https://doi.org/10.1016/S0167-2738(00)00835-3.
[134] H.D. Baehr, K. Stephan, Wärme- und Stoffübertragung, 4., neu bearb. und erw. Aufl., korr. Nachdr ed., Springer, Berlin, Heidelberg, 2004.
[135] W. Theiss, Scout. http://www.mtheiss.com/ (accessed 7 November 2018).
[136] Simon, Steven H., The Oxford Solid State Basics, 1.th ed., Oxford University Press, 2013.
[137] W. Theiss, Spectrum interpretation by simulation. http://www.mtheiss.com/help/final/html/scout3/index.html, 2012 (accessed 22 October 2018).
[138] H. Ibach, H. Lüth, Festkörperphysik: Einführung in die Grundlagen, 7.th ed., Springer, 2009.
[139] R. Poprawe, Lasertechnik für die Fertigung: Grundlagen, Perspektiven und Beispiele für den innovativen Ingenieur, Springer Berlin Heidelberg, Berlin, Heidelberg, Berlin, Heidelberg, 2005.

11 Anhang

11.1 Messung der optischen Eigenschaften

Die Messung der optischen Eigenschaften bei Raumtemperatur erfolgt mit einem UV-VIS-NIR-Spektrometer (Perkin-Elmer Lambda 1050 UV-Vis-NIR-Spektrometer) für die Wellenlängen 300 – 2500 nm sowie einem IR-Spektrometer (Perkin-Elmer Frontier FT-IR-Spektrometer) für die Wellenlängen 2500 – 16.000 nm. Der Absorptionsgrad wird anschließend über die Formel $A = 1 - T - R$ berechnet. Die Messungen erfolgen für beider Geräte in einer Ulbricht-Kugel.

Für die Messung des Transmissionsgrades (Bild 78 links) wird die Probe vor der Ulbricht Kugel im Messstrahl platziert und somit der transmittierte Anteil der Intensität gemessen. Für die Messung des Reflexionsgrades (Bild 78 rechts) wird die Probe an einer zusätzlichen Öffnung an der Rückseite (bzw. an der Oberseite bei FTIR) platziert, sodass der reflektierte Anteil des Lichtstrahls in die Kugel fällt. Eine hochreflektierende Beschichtung an der Innenseite der Ulbricht Kugel ermöglicht die Detektion des diffus gestreuten Anteils.

Bild 78: Aufbau zur Messung der Transmission (links) und Reflexion (rechts)

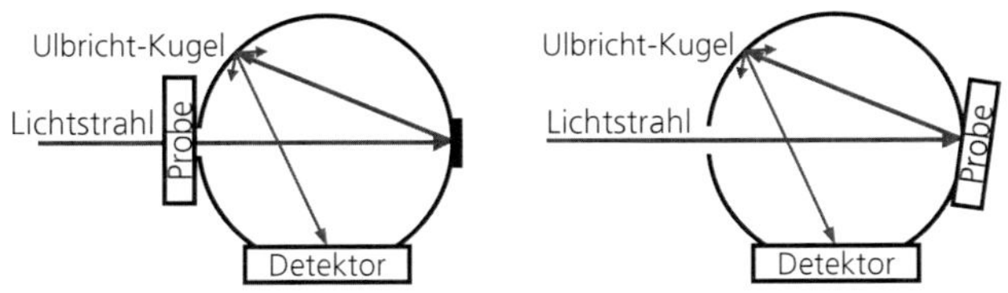

11.2 Physikalische Modelle zur Simulation der optischen Eigenschaften mittels SCOUT

Reflexions- und Transmissionsspektren werden mithilfe physikalischer Modelle simuliert (siehe unten). Dazu wird die Software Scout von W. Theiss Hard- and Software verwendet [135]. Fitparameter der Simulation sind sowohl die verschiedenen Modellparameter der physikalischen Modelle als auch die jeweilige Schichtdicke von LNO. Für die Simulation wird zunächst ein entsprechendes Schichtsystem mit LNO auf einem Substrat und Luft als umgebendes Medium implementiert. Bei der Simulation werden die Fitparameter iterativ angepasst, wobei der Fit-Algorithmus „Downhill Simplex" verwendet wird. Als Ergebnis liefert Scout den komplexen Brechungsindex, die dielektrische Funktion und den Absorptionskoeffizienten in dem betrachteten Wellenlängenbereich. Insbesondere können für die Simulation verschiedene Einfallswinkel und Polarisationen angegeben werden.

Die optischen Eigenschaften eines Materials charakterisieren die Wechselwirkung zwischen Licht und Material. Das einfallende Licht kann als elektromagnetische Welle beschrieben werden. Das elektrische Feld $\vec{E}$ der einfallenden Strahlung erzeugt in einem Material eine Polarisation $\vec{P}$. Zwischen der Polarisation und dem elektrischen Feld besteht gemäß

11.1 $$\vec{P} = \varepsilon_0 \chi \vec{E}$$

ein linearer Zusammenhang über die dielektrische Feldkonstante ε_0 und die elektrische Suszeptibilität χ. Die elektrische Suszeptibilität hängt von der Frequenz der einfallenden Strahlung ab und ist charakteristisch für ein Material. Die dielektrische Verschiebung $\vec{D}$ im Material hängt gemäß

11.2 $$\vec{D} = \varepsilon_0 \tilde{\varepsilon} \vec{E}$$

vom elektrischen Feld ab. Die dielektrische Funktion $\tilde{\varepsilon} = \varepsilon_1 + i\varepsilon_2$ und der komplexe Brechungsindex $\tilde{n} = n + i\kappa$ werden als optische Konstanten eines Materials bezeichnet und sind über

11.3 $$\tilde{n}^2 = \tilde{\varepsilon}$$

verknüpft. Die einfallende Strahlung wird transmittiert, reflektiert oder absorbiert. Der Zusammenhang zwischen Transmissionsgrad T, Reflexionsgrad R und Absorptionsgrad A,

11.4 $$T + R + A = 1,$$

gilt aufgrund von Energieerhaltung. Der Absorptionskoeffizient α des Materials ist über das Beersche Absorptionsgesetz

11.5 $$I(z) = I_0 \, \mathrm{e}^{-\alpha z}$$

in Abhängigkeit der Eindringtiefe z und der Anfangsintensität I_0 definiert. Die optische Eindringtiefe δ_{opt} ist über

11.6 $$\delta_{\mathrm{opt}} = \frac{1}{\alpha}$$

definiert und beschreibt die Eindringtiefe, bei der die Intensität der einfallenden Strahlung auf $1/\mathrm{e}$ der Anfangsintensität abgefallen ist. Absorptionskoeffizient α, Extinktionskoeffizient κ und die Wellenlänge λ hängen über

11.7 $$\alpha = \frac{4\pi\kappa}{\lambda}$$

zusammen. In den folgenden Abschnitten werden Modelle zur Beschreibung der optischen Eigenschaften von amorphen oder kristallinen Materialien erläutert. Für eine möglichst genaue Beschreibung werden die Modelle kombiniert. Dies erfolgt über die Suszeptibilitäten, welche sich gemäß

11.8
$$\tilde{\varepsilon} = 1 + \sum_i \chi_i$$

zur dielektrischen Funktion addieren. [136]

Dielektrischer Hintergrund

Im ultravioletten Spektralbereich haben die Valenzelektronen keinen Einfluss mehr auf die optischen Eigenschaften. Die einfallende elektromagnetische Welle regt die gebundenen Elektronen zu Schwingungen an. Durch die starke Bindung der Elektronen an ein Atom erfahren sie eine Rückstellkraft. Für hohe Energien und somit auch hohe Anregungsfrequenzen schwingen die angeregten Elektronen um 180° phasenverschoben zum einfallenden elektromagnetischen Feld, sodass ihre Auslenkung minimal ist. Daher können die optischen Eigenschaften durch eine nahezu konstante und reale dielektrische Funktion beschrieben werden. Dies wird als dielektrischer Hintergrund bezeichnet. [137]

Harmonischer Oszillator

Mikroskopische Vibrationen und manche elektronische Interbandübergänge werden durch den Harmonischen Oszillator beschrieben. Dieser zeichnet sich durch eine Lorentz-Linienform in der Absorption aus. Die Suszeptibilität ist gemäß

11.9
$$\chi_{\mathrm{H.O.}} = \frac{S^2}{\Omega_{\mathrm{res}}^2 - \tilde{\nu}^2 - i\tilde{\nu}\Omega_\gamma}$$

definiert. Die Parameter sind die Oszillatorstärke S, die Dämpfung Ω_γ und die Resonanzposition Ω_{res}. [137]

OJL Modell

Das OJL (O'Leary, Johnson, Lim) Modell beschreibt Interbandübergänge amorpher Materialien. Amorphe Materialien haben nur eine Nahordnung, trotzdem müssen die Bindungen der Atome im Material gesättigt werden. Daher kommt es zu einer Unordnung mit verschiedenen Bindungswinkeln und Bindungsabständen. Die unscharfe Abstandsverteilung führt zu einer exponentiell abfallenden Zustandsdichte in der Bandlücke, dargestellt in Bild 79. Die Zustände in der Bandlücke entsprechen weniger häufig auftretenden Bindungskonfigurationen, bei denen sich die Wellenfunktionen nicht überlappen können. Die Zustände tiefer in der Bandlücke sind daher räumlich lokalisiert und die Elektronen, im Gegensatz zu kristallinen Materialien, nicht mehr frei beweglich. [138]

Bild 79: Die Zustandsdichte für amorphe Materialien fällt in der Bandlücke exponentiell ab, nach [137]

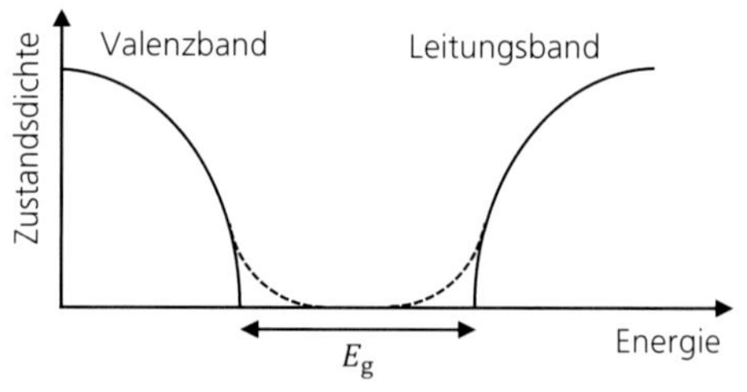

Die Parameter des Modells sind die Bandlückenenergie E_g, die Dämpfung der Exponentialfunktion und die Übergangsstärke. Zusätzlich wird ein Abklingparameter hinzugefügt, um die Konvergenz des Imaginärteils der dielektrischen Funktion zu gewährleisten. Somit lässt sich auch der Realteil der dielektrischen Funktion berechnen. [137]

Drude Modell

Freie Ladungsträger in einem Material wechselwirken mit einem äußeren elektromagnetischen Feld, indem sie beschleunigt werden und durch Stöße mit Phononen oder Defekten im Kristall ihren Impuls an das Kristallgitter abgeben. Dies wird durch das Drude Modell mithilfe der Plasmafrequenz Ω_p und der Dämpfungskonstante Ω_τ als Parameter beschrieben. Die Suszeptibilität ist über

11.10

$$\chi_{\mathrm{D.M.}} = -\frac{\Omega_p^2}{\tilde{\nu}^2 + i\tilde{\nu}\Omega_\tau}$$

definiert. [137] Für Frequenzen oberhalb der Plasmafrequenz wird die einfallende Strahlung fast vollständig absorbiert. Die Plasmafrequenz ist über

11.11

$$\Omega_p = \sqrt{\frac{n_q\, e^2}{\varepsilon_0\, m^*}}$$

definiert. Sie ist abhängig von der Ladungsträgerdichte n_q und der effektiven Masse m^* des Materials, e ist die Elementarladung. Die Dämpfungskonstante entspricht der Stoßfrequenz der freien Elektronen. Die Stoßfrequenz ist abhängig von der Temperatur. Mit steigender Temperatur des Materials nehmen die Gitterschwingungen zu, sodass die Stoßfrequenz zwischen Elektronen und Phononen und damit die Absorption zunehmen. [139]

Das Drude Modell kann um eine frequenzabhängige Dämpfung erweitert werden („erweitertes Drude Modell"). Der frequenzabhängige Dämpfungsterm ist über

11.12

$$\Omega_\tau(\tilde{\nu}) = \Omega_{\tau,\mathrm{low}} - \frac{\Omega_{\tau,\mathrm{low}} - \Omega_{\tau,\mathrm{high}}}{\pi} \cdot \arctan\left(\frac{\tilde{\nu} - \Omega_{\tau,\mathrm{Crossover}}}{\Omega_{\tau,\mathrm{width}}}\right) + \frac{\pi}{2}$$

definiert. Hierbei sind $\Omega_{\tau,\text{low}}$ die Dämpfungskonstante für Frequenzen unterhalb der Übergangsfrequenz $\Omega_{\tau,\text{Crossover}}$ und $\Omega_{\tau,\text{high}}$ die Dämpfungskonstante oberhalb der Übergangsfrequenz. $\Omega_{\tau,\text{width}}$ beschreibt die Frequenzbreite des Übergangsbereiches um die Übergangsfrequenz herum. Physikalisch beschreibt das erweiterte Drude Modell die charakteristische frequenzabhängige Dämpfung freier Ladungsträger, welche beispielsweise bei der Streuung an geladenen Störstellen entsteht. [137]

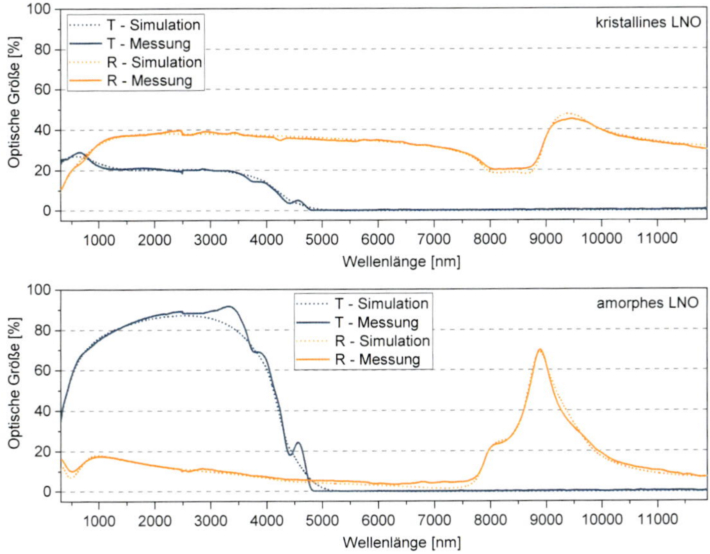

Bild 80: Vergleich zwischen Messwerten und der Simulation mit SCOUT. Jeweils für amorphes und kristallines LNO. Da die Simulation nur Reflektions- und Transmissionsgrad betrachtet ist der Absorptionsgrad hier nicht mit eingezeichnet.

Die Parameter der simulierten Modelle sind in Tabelle 5 dargestellt.

	aLNO	cLNO
Drude Plasmafrequenz [1/cm]	-	159683
Drude Dämpfung [1/cm]	-	1051674
Dielektrischer Hintergrund – Realteil [-]	2,2586	1,0353
Dielektrischer Hintergrund – Imaginärteil [-]	0,0000	0,0379
HO1 Resonanzfrequenz [1/cm]	20700,8	2692,7
HO2 Resonanzfrequenz [1/cm]	31473,8	37730,9
HO3 Resonanzfrequenz [1/cm]	14351,1	6349,4
OJL Stärke [1/cm]	5,931	-
OJL Bandlücke [eV]	7,3	-

Tabelle 5: Simulierte Parameter für aLNO und cLNO

11.3 Aufbau zur Messung der temperaturabhängigen Leitfähigkeit

Um die Leitfähigkeit dünner LNO-Schichten während der Kristallisation und bei unterschiedlichen Temperaturen zu messen wird ein entsprechender Versuchsstand aufgebaut. Als Messgerät für die elektrische Leitfähigkeit wird ein 4-Punkt-Messgerät (Keithley 4200-SCS) verwendet und mit einem Heizelement kombiniert. Um die Kontakte des Messgeräts nicht zu beschädigen, werden Kontakte aus Platin mittels Inkjet-Druck auf die Proben aufgedruckt. Die zu vermessenden LNO-Felder werden ebenfalls mittels Inkjet-Druck hergestellt. Die Platin-Kontakte werden mittels leitfähigem Kleber mit Kupferlitzen verbunden, welche dann wiederum in die Messpitzen des 4-Punkt-Messgeräts eingespannt werden. Die Platinkontakte werden äquidistant aufgedruckt, um einen Messfehler zu vermeiden. Durch die 4-Punkt-Messung fließen die Wiederständer der Zuleitungen und Kontakte nicht in die Bestimmung der Leitfähigkeit mit ein.

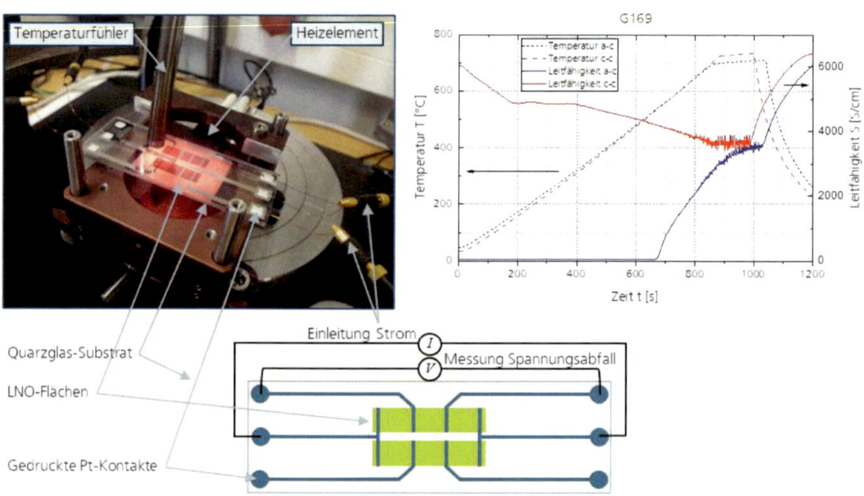

Bild 81: Darstellung des Messaufbaus zur Messung der Leitfähigkeit bei verschiedenen Temperaturen. Links oben: Foto des Aufbaus mit Heizelement bei ca. 800 °C. Rechts oben: Änderung der Leitfähigkeit und der Temperatur mit der Zeit bei linearer Aufheizung des Heizelements. Unten: Schematische Darstellung der Aufbaus der Probe. Die LNO-Schichten sowie die Platinkontakte werden in einem Inkjet-Prozess aufgedruckt, dadurch kann das dargestellte Design realisiert werden. Die Temperatur auf der Probenoberseite (=Schichttemperatur) wird mit einem Temperaturfühler bestimmt.

11.4 Versuchsaufbau zur Bestimmung der temperaturabhängigen optischen Eigenschaften

Für die Bestimmung der temperaturabhängigen optischen Eigenschaften wird eine, eigens dafür entwickelter Aufbau verwendet (vgl. Bild 82).

Zunächst wird der Versuchsaufbau für die Reflexionsmessungen von LNO auf Platin beschrieben. Die Probe liegt auf einem Probenhalter aus Glas auf. Der Laserstrahl trifft senkrecht auf die Probe. Zur Messung der Reflexionsspektren wird zunächst das Licht einer Halogenlampe über eine Lichtleitfaser eingekoppelt, kollimiert und über einen Silberspiegel unter einem Winkel von 19° auf die Probenoberfläche fokussiert. Der reflektierte Lichtstrahl wird durch einen zweiten Goldspiegel umgelenkt, erneut kollimiert und auf eine Lichtleitfaser fokussiert. Die Lichtleitfaser ist gespleißt und teilt die Intensität auf zwei Spektrometer auf. Die Messung der Temperatur erfolgt berührungslos durch ein Pyrometer. Dieses misst die Wärmestrahlung der Probe, welche an einem Goldspiegel reflektiert und somit unter einem Winkel von 55° vom Pyrometer detektiert wird. Die Temperatur wird entweder als Spannungssignal über ein Oszilloskop oder direkt über die Software des Pyrometers gemessen. Die Aufnahme von Messdaten mit dem Oszilloskop soll gleichzeitig mit dem Einschalten der Laserstrahlung erfolgen. Daher wird das Spannungssignal einer Fotodiode, welches den diffus gestreuten Anteil der Laserstrahlung detektiert, als Trigger eingestellt.

Bild 82: Aufbau zur Bestimmung der temperaturabhängigen optischen Eigenschaften dünner LNO-Schichten

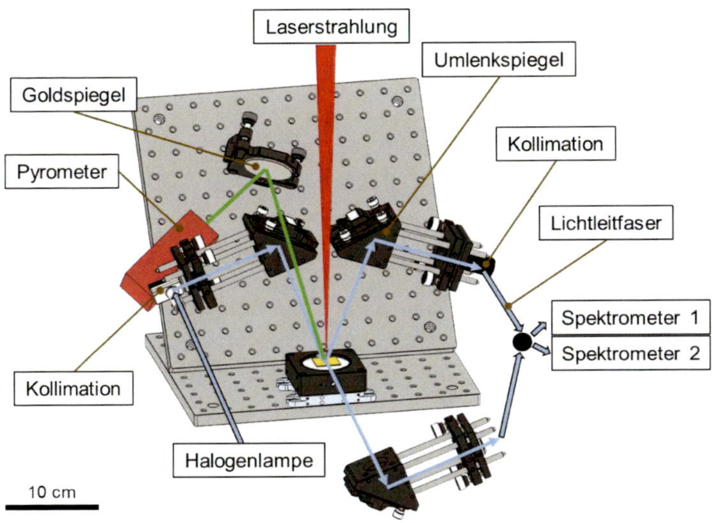

Für die temperaturabhängigen Messungen von LNO auf Quarzglas wird zusätzlich zum Reflexionsgrad auch der Transmissionsgrad gemessen. Da die Spektrometer nicht gleichzeitig R und T messen können, wird stattdessen das addierte Signal $R + T$ gemessen und daraus der Absorptionsgrad berechnet. Der Probenhalter wird verändert, sodass die Probe jetzt auf einer Aluminiumscheibe mit einem kreisförmigen Loch aufliegt. Der transmittierte Lichtstrahl wird somit nicht durch den Probenhalter absorbiert oder abgelenkt. Das kreisförmige Loch ist mit einem Durchmesser von 26 mm nur geringfügig kleiner als der

Durchmesser der Quarzglas-Substrate. Die reflektierten und transmittierten Lichtstrahlen werden durch zwei Linsen so gebündelt, dass die Enden der Lichtleitfasern möglichst vollständig ausgeleuchtet sind, um das Messsignal zu verstärken und zu stabilisieren. Durch diese Veränderung soll eine Variation im Reflexionswinkel zu einer geringeren Auswirkung auf die detektierte Intensität durch die Spektrometer führen. Die reflektierten und transmittierten Lichtstrahlen werden durch eine gespleißte Lichtleitfaser zusammengeführt. Anschließend wird eine zweite gespleißte Lichtleitfaser verwendet, um die Lichtstrahlen wieder zu trennen, sodass mit beiden Spektrometern $R + T$ gemessen werden kann. Der Absorptionsgrad kann im Nachhinein über $1 - (R + T)$ berechnet werden.

11.5 Kalibration Pyrometer Kapitel optische Eigenschaften LNO

LNO auf Quarzglas ist in dem Messbereich des Pyrometers (1,7 µm bis 2,1 µm) teildurchlässig. Liegt die Probe auf einem Heizelement, misst das Pyrometer dessen Temperatur mit und die Kalibration wird verfälscht. Daher wird eine andere Methode im Vergleich zu LNO auf Platin verwendet. Als Alternative wird zunächst eine Thermokamera (PI450, Optris), welche die Wärmestrahlung in einem Wellenlängenbereich zwischen 7,5 µm und 13 µm misst, auf einen Oberflächentemperaturfühler kalibriert und anschließend das Pyrometer auf die Thermokamera kalibriert. Für die Kalibration der Thermokamera auf den Temperaturfühler wird die Probe auf ein unbeschichtetes Platinsubstrat auf einer Heizelementgelegt. Die Wärmestrahlung des Platinsubstrates liegt nicht im Messbereich der Thermokamera. Daher kann davon ausgegangen werden, dass die gesamte detektierte Wärmestrahlung von der Probe emittiert wird. Die Thermokamera misst unter einem Winkel von 28°, als Emissionskoeffizient wird 1,0 eingestellt. Bei verschiedenen Temperaturen zwischen 150 °C und 350 °C werden die gemessenen Temperaturen von Temperaturfühler und Thermokamera verglichen. Die Temperatur der Thermokamera wird über eine quadratische Fläche von 5 x 5 Pixel gemittelt. Für den Temperaturfühler wird ein Fehler von $\pm$ 2 °C und für die Thermokamera von $\pm$ 1 °C angenommen.

Die Absorptionsgrade der verwendeten amorphen LNO-Proben unterscheiden sich innerhalb der Fehler nicht. Allerdings unterscheiden sich die Absorptionsgrade von amorphem und kristallinem LNO. Daher wird die Kalibration für eine amorphe und eine kristalline LNO-Probe durchgeführt. Für die Kalibration werden jeweils drei Messreihen und anschließend für amorphes und kristallines LNO jeweils eine lineare Regression durchgeführt. Die linearen Regressionen sind in Bild 83 dargestellt, die Parameter in Tabelle 6 aufgelistet. Die X^2/dof liegen zwischen 2 und 4 und die Residuen weisen keine Systematik auf.

Bild 83: Kalibration der Thermokamera auf einen Temperaturfühler an der Oberfläche der LNO-Schicht

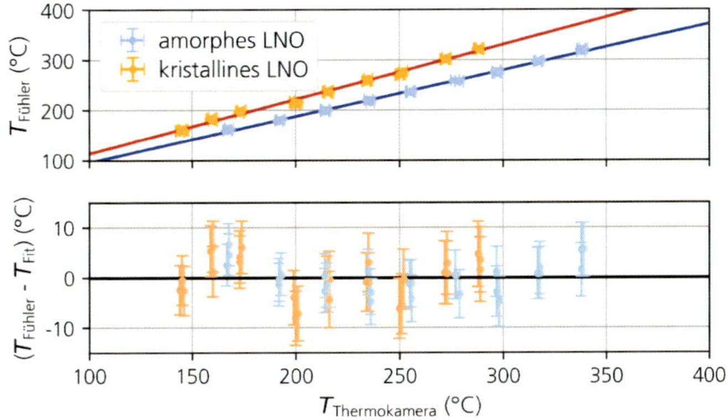

Anschließend wird das Pyrometer auf die Thermokamera kalibriert. Dazu wird die Thermokamera unter einem Winkel von 28° zum Lot, entsprechend dem Winkel des Pyrometers, auf dem Versuchsaufbau montiert. Die zu kalibrierende Probe wird auf der Heizelementaufgeheizt und unmittelbar danach auf den Probenhalter des Versuchsaufbaus gelegt. Thermokamera und Pyrometer messen dann die Abkühlkurve der Probe. Für die amorphe und die kristalline LNO-Probe werden jeweils vier Abkühlkurven aufgenommen. Erneut werden zwei lineare Regressionen durchgeführt. Für das Pyrometer wird ein Fehler von 2 °C angenommen. Die Temperatur der Thermokamera wird in die Temperatur des Temperaturfühlers umgerechnet und die Fehler entsprechend fortgepflanzt. Die daraus abgeleiteten Parameter sind in der folgenden Tabelle aufgeführt.

	Amorphes LNO	Kristallines LNO
Kalibration Thermokamera auf Temperaturfühler	$m = (0{,}918 \pm 0{,}011)$	$m = (1{,}083 \pm 0{,}017)$
	$n = (4{,}09 \pm 2{,}97)$ °C	$n = (5{,}49 \pm 3{,}68)$ °C
Kalibration gesamt	$m = (1{,}202 \pm 0{,}056)$	$m = (1{,}069 \pm 0{,}033)$
	$n = (17{,}00 \pm 12{,}30)$ °C	$n = (-17{,}56 \pm 5{,}76)$ °C

Tabelle 6: Parameter der linearen Regressionen für die Kalibration der Thermokamera auf den Temperaturfühler und die gesamte Kalibration von LNO auf Quarzglas (Lineare Regression: $y = m \cdot x + n$)

11.6 Spezifikationen der verwendeten Laserstrahlquellen

Folgende Laserstrahlquellen werden in dieser Arbeit eingesetzt:

	Faser-Laser	**CO_2-Laser**	**Dioden-Laser**
Hersteller	IPG Laser Gmbh	Synrad	Laserline Gmbh
Typ	Ytterbium-Faserlaser YLR-200-MM-AC-Y11	Firestar v30	LDM6000-100
Wellenlänge nach Herstellerangaben	1070 nm	10.570 – 10.630 nm	900 – 1.080 nm
Faserkerndurchmesser	200 µm	---	1000 µm
Strahlqualität	12 – 15 mm x mrad	< 7,0 mm x mrad	110 mm x mrad
Brennweite Fokussieroptik	254 mm (f-Theta)	400 mm (f-Theta)	250 mm
M²			
Spotabmessung in Bearbeitungsebene	660 µm Durchmesser	632 µm Durchmesser	8 x 8 mm²
Maximale mittlere optische Ausgangsleistung	200 W	30 W	6000 W

Tabelle 7: Übersicht über die in dieser Arbeit verwendeten Laserstrahlquellen.

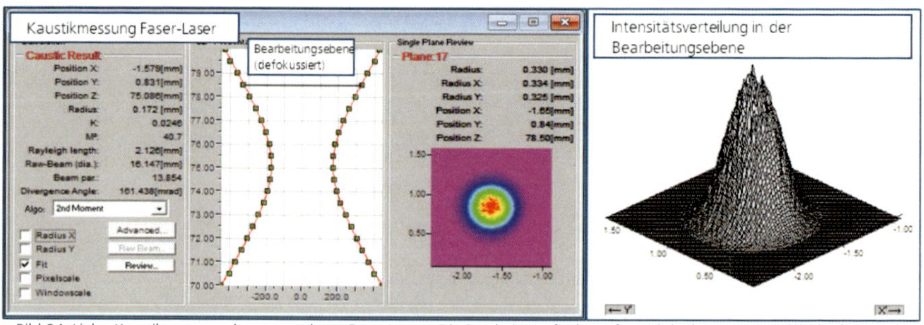

Bild 84: Links: Kaustikmessung des verwendeten Faser-Lasers. Die Bearbeitung findet aufgrund der besseren Vergleichbarkeit zu den Versuchen mit dem CO_2-Laser außerhalb des Fokus statt (3,6 mm defokussiert). Rechts: Intensitätsverteilung der Laserstrahlung in der Bearbeitungsebene. Die Kaustikmessung wird mit einem Focus-Monitor der Firma PRIMES durchgeführt.

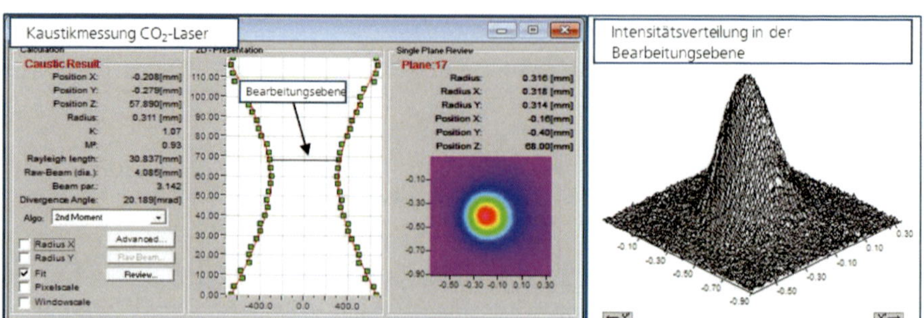

Bild 85: Links: Kaustikmessung des verwendeten CO_2-Lasers. Die Bearbeitung findet in der eingezeichneten Bearbeitungsebene statt. Rechts: Intensitätsverteilung der Laserstrahlung in der Bearbeitungsebene. Die Kaustikmessung wird mit einem Focus-Monitor der Firma PRIMES durchgeführt.

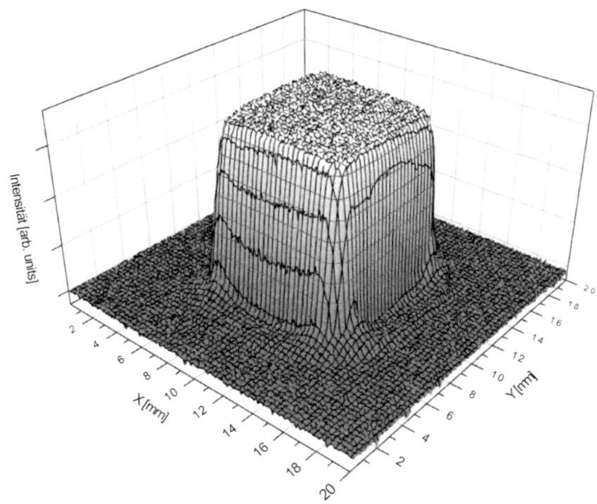

Bild 86: Intensitätsverteilung des Diodenlasers in der Bearbeitungsebene. Die Messung wird mit einem Beam-Monitor der Firma PRIMES durchgeführt. Mit diesem Messgerät kann keine Kaustik gemessen werden.

Die Wechselwirkungszeit zwischen Laserstrahl und Probe bei scannender Bearbeitung wird über die Formel

11.13

$$Wechselwirkungszeit = \frac{d_{spot}}{v_{scan}}$$

berechnet.

12 Abbildungsverzeichnis

In der Reihe **Ergebnisse aus der Lasertechnik** zuletzt erschienen:

Fink, Samuel Moritz:
Laserbasierte Kristallisation von nasschemisch applizierten Lanthan-Nickel-Oxid-Schichten
ISBN: 978-3-98555-227-6
Erscheinungsdatum: 19.08.2024

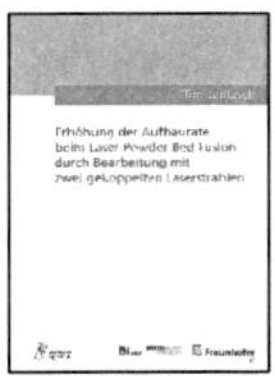

Lantzsch, Tim:
Erhöhung der Aufbaurate beim Laser Powder Bed Fusion durch Bearbeitung mit zwei gekoppelten Laserstrahlen
ISBN: 978-3-98555-222-1
Erscheinungsdatum: 26.06.2024

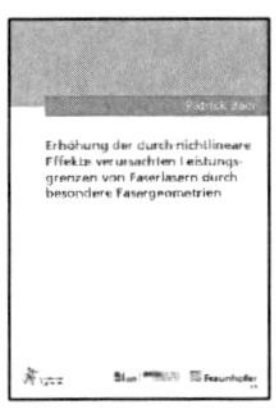

Baer, Patrick:
Erhöhung der durch nichtlineare Effekte verursachten Leistungsgrenzen von Faserlasern durch besondere Fasergeometrien
ISBN: 978-3-98555-207-8
Erscheinungsdatum: 26.03.2024

Dahmen, Marius:
Laserbasierte Funktionalisierung von partikulären Polyetheretherketon-Beschichtungen auf Aluminiumsubstraten mittels Zwei-Strahl-Ansatz
ISBN: 978-3-98555-190-3
Erscheinungsdatum: 12.12.2023

Klein, Sarah:
Faser-Bragg-Gitter für die Frequenzstabilisierung multimodiger Hochleistungslaserdioden und -faserlaser
ISBN: 978-3-98555-183-5
Erscheinungsdatum: 08.12.2023

Edition Wissenschaft
Apprimus

Brucki, Matthias:

Extremes Hochgeschwindigkeits-Laserauftragschweißen – Prozesstechnologische Untersuchung der Oberflächenbeschaffenheit von Beschichtungen

ISBN: 978-3-98555-180-4
Erscheinungsdatum: 07.11.2023

Hollatz, Sören:

Funktionsorientiertes Laserstrahl-Mikroschweißen von Aluminium-Kupfer-Verbindungen mit örtlicher Leistungsmodulation

ISBN: 978-3-98555-178-1
Erscheinungsdatum: 03.11.2023

Nguyen, Nam-Phong:

Laserdurchstrahlschweißen von transparenten Kunststoffen mit Thulium-Faserlaserstrahlung

ISBN: 978-3-98555-172-9
Erscheinungsdatum: 18.09.2023

Haasler, Dennis:

Tiefbohren in Metallen mittels ultrakurzen Laserpulsen

ISBN: 978-3-98555-119-4
Erscheinungsdatum: 24.11.2022

Rödler, Georg:

Entwicklung des selektiven Laserstrahlschmelzens für Al-Ni-Legierungen

ISBN: 978-3-98555-118-7
Erscheinungsdatum: 03.11.2022

MIX
Papier | Fördert gute Waldnutzung
FSC® C083411

Zeitfracht Medien GmbH
Ferdinand-Jühlke-Straße 7
99095 Erfurt, Deutschland
produktsicherheit@kolibri360.de